Umwelt- und Klimagerechtigkeit

Regine Grafe

Umwelt- und Klimagerechtigkeit

Aktualität und Zukunftsvision

2. Auflage

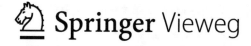 Springer Vieweg

Regine Grafe ⓘ
FB 2: Ingenieurwissenschaften
HTW Berlin – University of Applied Sciences
Berlin, Deutschland

ISBN 978-3-658-39687-9   ISBN 978-3-658-39688-6   (eBook)
https://doi.org/10.1007/978-3-658-39688-6

Die Deutsche Nationalbibliothek verzeichnet diese Publikation in der Deutschen Nationalbibliografie; detaillierte bibliografische Daten sind im Internet über http://dnb.d-nb.de abrufbar.

Planung/Lektorat: Daniel Froehlich
Springer Vieweg ist ein Imprint der eingetragenen Gesellschaft Springer Fachmedien Wiesbaden GmbH und ist ein Teil von Springer Nature.
Die Anschrift der Gesellschaft ist: Abraham-Lincoln-Str. 46, 65189 Wiesbaden, Germany

Inhaltsverzeichnis

Abkürzungsverzeichnis

AFTA	Asien Free Trade Area
	Asien Freihandelszone
ArbSchG	Arbeitsschutzgesetz
BAUA	Bundesanstalt für Arbeitsschutz und Arbeitsmedizin
BauGB	Baugesetzbuch
BBK	Bodenbelastungskataster
BBM	Bundesbauministerium
BBSR	Bundesinstitut für Bau-, Stadt- und Regionalplanung
BbodSchG	Bundes-Bodenschutz-Gesetz
BbodSchV	Bodenschutz- und Altlasten-Verordnung
BDA	Building Development Assessment
	Bebauungsfolgenabschätzung
BELLA	Studie zur psychischen Gesundheit von Kindern und Jugendlichen in Deutschland – Modul: Kinder und Jugendlichen Gesundheitssurvey (KiGSS)
BimSchG	Bundes-Immissionsschutz-Gesetz
BimSchV	Bundes-Immissionsschutz-Verordnung
BMBF	Bundesministerium für Bildung und Forschung
BMBI	Bundesministerium für Bauen, Inneres und Heimat
BMWS	Bundesministerium für Wohnen, Stadtentwicklung und Bauwesen
B-Plan	Bebauungsplan
dB(A)	Dezibel – physikalische Einheit für den gehörbewerteten Schall
DDT	Dichlordiphenyltrichlorethan
DifU	Deutsches Institut für Urbanistik
DIN	Deutsches Institut für Normenwesen
DIN EN	Normblatt mit europäischer Normierung
EA	Environment Assessment
	Umweltprüfung

EEP-I	Europäischer- Energie-Armuts-Index
EG	Europäische Gemeinschaft
EG-Richtlinie	Richtlinie der Europäischen Union
EI	Environmental Inequality
	Umweltungleichheit
EIA	Environmental Impact Assessment
	Umweltverträglichkeitsprüfung
EIJ	Environmental Injustice
	Umweltungerechtigkeit
EJ	Environmental Justice
	Umweltgerechtigkeit
EJOLT	Environmental Organizations, Labilities and Trade
	Forschungsprojekt der Europäischen Union
EMAS	Eco Management and Audit Scheme
	Umweltmanagementsystem in Unternehmen und öffentlichen Einrichtungen
EO	Executive Order
	US-amerikanische Rechtsverordnung
EPA	Environmental Protection Agency
	Nordamerikanische Umweltbehörde
EPAS	Environmental Protection Agency of Scottland
	Schottische Umweltbehörde
ERA	Engineering Result Assessment
	Technikentwicklung und Folgenabschätzung
ERASMUS	Austauschprogramm für Studierende in der Europäischen Union
EsKiMo	Ernährungsstudie zum Essverhalten von Kindern und Jugendlichen – Modul: Kinder und Jugendlichen Gesundheits-Survey (KiGSS)
EU-RL	Richtlinie der Europäischen Union
EU	Europeen Union (Europäische Union)
EWR	Europäischer Wirtschaftsraum
FNP	Flächennutzungsplan
FIS	Fachinformationssystem
FoES	Friends of Earth Scottland
	Freunde der Erde Schottlands
GAO	General Accounting Office
	US-amerikanischer Rechnungshof
GerES	Studie zur gesundheitlichen Belastung der Gesundheit durch Umwelteinflüsse Modul des Kinder und Jugendlichen Gesundheitssurvey
GVP	Gesundheitsverträglichkeitsprüfung
HBC	Hexachlorbenzol
HBFE	Handbuch für Emissionsfaktoren für den Straßenverkehr

HBM	Human-Biomonitoring
HIA	Health Impact Assessment
	Gesundheitsfolgenabschätzung
IEJ	Inequality Environmental Justice
	Umweltungerechtigkeit
IPCC	Intergovernmental Panel on Climate Chance
	Weltklimarat
IUPAC	International Union of Pure and Applied Chemistry
	Internationale Vereinigung für reine und angewandte Chemie
ISO	International Organization for Standardization
	Internationale Organisation für Standardisierung
KiGGS	Monitoring Studie zur Gesundheit von Kindern und Jugendlichen in Deutschland
KUS	Monitoring Studie zur Gesundheit von Kindern und Jugendlichen in Deutschland
LDEN	Lärmindex-Day-Evening-Night
	Lärmkennziffer-Tag-Abend-Nacht
MEDD	Ministère du Développement Durable
	Ministerium für nachhaltige Entwicklung (Frankreich)
MoMo	Monitoring Motorik Studie im Rahmen von KiGGS
NAFTA	North American Free Trade Area
	Nordamerikanische Freihandelszone
NGO	Non Government Organization
	Nichtregierungsorganisation
NRDC	Natural Resources Defense Council
	Rat für die Verteidigung der natürlichen Ressourcen mit Sitz in New York City
OECD	Organization for Economic Co-operation and Development
	Organisation für wirtschaftliche Zusammenarbeit und Entwicklung
PAK	Polyzyklische Aromatische Kohlenwasserstoffe
PBT	Persistent Bioakkumulative Toxic Substance
	Persistenter bioakkumulativer toxischer Stoff
PCB	Polychlorinated Biphenyle
	Polychlorierte Biphenyle
PCP	Pentachlorphenol
PET	Physiological Equivalent Temperature
	Physiologisch unbedenkliche Temperatur
PIA	Project Impact Assessment
	Projektfolgenabschätzung
PM	Particle Matter
	Feinstaub

PMV	Predicted Mean Vote
	Wohlfühltemperatur
POP	Persistent Organic Pollutions
	Persistente organische Schadstoffe
RIVM	Reichsinstitut for public health and environment (Netherland)
	Reichsinstitut für Volksgesundheit
RKI	Robert Koch Institut
RL	Richtlinie
RoHS	Restriction of Hazardous Substances
	Beschränkung der Verwendung bestimmter gefährlicher Stoffe in Elektro- und Elektronikgeräten
SEPA	Scottisch Environment Agency
	Schottische Umweltbehörde
SMC	Stockholm Milieu Centre
	Stockholmer Milieuzentrum
SVHC	Substances of Very High Concern
	Besonders gefährliche Stoffe
TA	Technische Anleitung
TIA/TA	Technology Impact Assessment; Technology Assessment
	Technologiefolgenabschätzung
TÖP	Träger öffentlicher Belange
TR	Technischer Richtwert
UBA	Umweltbundesamt
UCC	United Christ Church (dtsch: Vereinigung Christlicher Kirchen in den USA)
UNO	United Nations Organization
	Organisation der Vereinten Nationen
UV-Strahlung	Ultraviolette Strahlung
UVP	Umweltverträglichkeitsprüfung
UVPG	Umweltverträglichkeitsprüfungs-Gesetz
UVP-RL	Umweltverträglichkeitsprüfungsrichtlinie
VOC	Volatile Organic Carbon
	Flüchtige organische Kohlenwasserstoffe
WHG	Wasserhaushaltsgesetz
WHO	World Health Organization
	Weltgesundheitsorganisation
WARL	Wassersrahmenschutz-Richtlinie
WRRL	Wasser-Rahmenrichtlinie

Umwelt- und Klimagerechtigkeit – Aktualität und Zukunftsvision

Umwelt, Umgebung, Arbeits(um)welt, Der Soziale Raum, Lebens(um)welten, Umwelt-bewusstsein, Gesellschaft, Gerechtigkeit, Ungerechtigkeit, Sozialräumliche Verteilung, Soziale Gerechtigkeit, Bewertungsgerechtigkeit, Zugangsgerechtigkeit, Ressourcen-zugang, Umweltgerechtigkeitsansatz, Teilhabe, Rechtsgrundlagen, Umweltbeeinflussung, Umweltzerstörung, Klimabeeinflussung, Klimastörung, klimabezogene Gesundheitsbe-lastung, Gesundheitsgerechtigkeit, sozioökonomische Belastung, Gesellschaftstransfer, Wissensgesellschaft, Industriegesellschaft.

1.1 Umwelt- und Klimagerechtigkeit – definitorische Begriffsbestimmung

Was ist Gerechtigkeit? Was bedeutet Umweltbewusstsein? Wie finden sich Bewusst-sein und der Gerechtigkeitsansatz in umweltbezogenen Fragestellungen wieder? Welche Arten der Gerechtigkeit sind für umweltrelevante Betrachtungen von immanenter Bedeutung? Was versteht man unter Umwelt? Was beinhaltet der ganz-heitliche Begriff der Umwelt? Welche sozioökonomischen Komponenten beinhaltet der Umweltgerechtigkeitsansatz? Wie stehen Klima und Umweltveränderungen zueinander?

Ungleiche Lebensverhältnisse und ungleiche Belastungen durch Umwelt- inkl. Klima-einflüsse sind ein aktuelles Thema weltweit. Infolge der Globalisierung der Wirtschaft, der Finanzströme, des Handels, durch die Digitalisierung und dem stetigen Austausch von kleineren Bevölkerungsgruppen haben sich die Problemstellungen und Handlungs-erfordernisse in Hinblick auf eine zukunftsfähige und lebenswerte Umwelt verändert. Sie sind weltweit komplexer geworden und haben sich in diesem Zusammenhang auch vergrößert. Mit der Herausbildung von Großsiedlungen, großen Industriestandorten

© Springer Fachmedien Wiesbaden GmbH, ein Teil von Springer Nature 2022
R. Grafe, *Umwelt- und Klimagerechtigkeit*, https://doi.org/10.1007/978-3-658-39688-6_1

und Aggregationen der industriellen Land- und Viehwirtschaft sowie einer Warenbewegung über die Kontinente hinweg haben sich auch die Beeinflussungen auf die Umwelt verändert. Diese Erkenntnis setzt sich seit geraumer Zeit mehr und mehr durch. Dass diese Prozesse auch einer Betrachtung und vor allem Handhabung bedürfen, weil von der Umwelt selbst erhebliche Einflüsse und Belastungen ausgehen, die zu einem großen Teil neben der Klimarelevanz auch ernstzunehmende Gesundheitsrelevanz haben, wird derzeit noch relativ wenig beachtet. Dabei umfasst die gesundheitliche Beeinflussung sowohl den medizinisch somatischen als auch den psychologischen Teil. Zugegebenermaßen ist das Thema sehr komplex und bedarf noch weitreichender und intensiver Forschung. An der Erkenntnis aber, dass Umweltgerechtigkeit oder im Umkehrschluss Umweltungerechtigkeit Themenfelder von außerordentlicher Bedeutung für präventives bzw. nachhaltiges Handeln sind, gibt es keinen Zweifel. Das gilt sowohl für aktuelle Bewertungen von Umweltzuständen als auch für zukünftige Handlungserfordernisse. Eine zentrale Rolle werden dabei die Planungsaufgaben in Städten und Gemeinden spielen. Zukünftige Planungen, in welcher Art und Form auch immer, werden an den Herausforderungen hinsichtlich Nachhaltigkeit und damit an dem Umweltgerechtigkeitsansatz nicht vorbeikommen. Erste Ansätze und Ergebnisse gibt es schon. So haben sich z. B. bereits einige Städte und Gemeinden mit der Thematik umweltgerechtes Bauen und umweltgerechte urbane Planung unter Einbindung von Teilhabe der Bürgerschaft (Partizipation) befasst.

1.1.1 Der sozialräumliche Aspekt des Umweltgerechtigkeitsansatzes

Welcher Bedeutung ist der sozialräumlichen Situation der Menschen in Bezug auf die Umwelt einzuräumen? Welche Gerechtigkeitsaspekte müssen im Kontext von Umweltgerechtigkeit berücksichtigt werden? Welche Umweltaspekte sind zu berücksichtigen? Wie hängen sozioökonomische Bedingungen mit Umweltgerechtigkeit zusammen?

Umwelteinflüsse und ihre Verteilung
Umweltgerechtigkeit verbindet soziale Gerechtigkeitsaspekte und Umweltaspekte miteinander. Sie umfasst die sozialräumliche Verteilung von Umwelteinflüssen und von Umweltbeeinflussungen. Diese Verteilung kann global oder auch lokal bewertet werden. Dabei spielen insbesondere Verteilungsgerechtigkeit, Zugangsgerechtigkeit, Vorsorgegerechtigkeit und Verfahrensgerechtigkeit im Sinne von Teilhabe eine wichtige Rolle.

Umweltgerechtigkeit steht unmittelbaren in einem sozialräumlichen Zusammenhang, d. h. der soziologischen Umwelt[1] (vgl. Abb. 1.1).

---

[1] Zur Vertiefung wird auf Grafe Umweltgerechtigkeit: Arbeit, Sozialisation, Teilhabe und Gesundheit (2020) verwiesen.

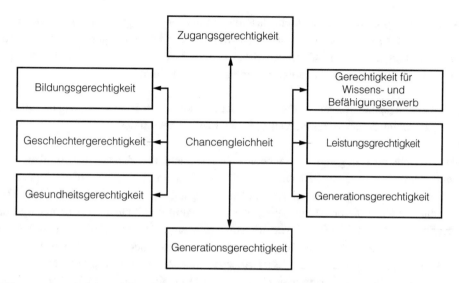

Abb. 1.1 Das Geflecht von Gerechtigkeitsbeziehungen (schematisiert nach Hradil, 2016)

Die Zusammenhänge vom ‚Sozialem Raum'[2] und Umwelteinflüsse zeigen auf, dass Handlungen im Sinne von Gerechtigkeit geschaffen werden können und müssen. Wenn man Gerechtigkeit als Gebot anerkennt, übernimmt man auch einen Teil der Verantwortung dafür, dass gerechte Verhältnisse hergestellt werden. Unter diesem Gesichtspunkt kann Umweltgerechtigkeit wie nachfolgend beschrieben, formuliert werden (Bunge, 2012).

▶   Umweltgerechtigkeit verfolgt das Ziel, sozialraumbezogene gesundheitsrelevante umweltbedingte Beeinträchtigungen zu vermeiden oder abzubauen.

Wer gerecht sein will, hat die Pflicht gegenüber sich selbst, aber auch in der Erwartung der Anderen, entsprechend der zur Debatte stehenden Problematik zu handeln – mitunter ein schwieriger Balanceakt. Der Begriff Umweltgerechtigkeit umfasst neben Verteilungsgerechtigkeit auch Zugangs- und Verfahrensgerechtigkeit.

▶   Verteilungsgerechtigkeit bezieht sich auf die Verteilung von Umweltbelastungen und Umweltressourcen im sozialräumlichen Kontext.

Betrachtet man am Beispiel der sektoralen Verteilung von Luftschadstoffen, störender Lichtimmissionen oder des Lärms in Siedlungsgebieten bzw. innerstädtischer

---

[2] ‚Sozialer Raum': benannt nach dem Konzept von Bourdieu (1936–2002) frz. Soziologe und Philosoph „Der Soziale Raum" – der Raum, in dem Sozialisation erfolgt.

Verdichtungsgebiete wird deutlich, dass die immissionsbedingte Gesundheitsbelastung der Bewohner sich deutlich von der in stadtrandnahen Gebieten unterscheidet. Gesundheitsbelastungen an viel befahrenen Straßen oder in der Nähe von umweltrelevanten Gewerbeansiedlungen sind deutlich höher als die am Stadtrand.

▶   Zugangsgerechtigkeit umfasst die Möglichkeiten für Menschen, Zugang zu den umweltbezogenen Ressourcen zu haben bzw. zu bekommen.

Am Beispiel des Zugangs zu sauberem Wasser kann die Zugangsgerechtigkeit verdeutlicht werden. Global betrachtet hat eine nicht unerhebliche Anzahl an Menschen keinen oder einen nur sehr eingeschränkten Zugang zu sauberem Wasser. Die Verwendung bzw. der Gebrauch von Wasser und die damit unmittelbar zusammenhängende Trinkwasserbereitstellung sind sowohl von globaler als auch regionaler und lokaler Bedeutung. Vielerorts haben Bürgerinitiativen auf diese Bedeutung hingewiesen und z. B. eine Deprivatisierung der Wasserwirtschaft gefordert – ein Beispiel dafür, wie Verfahrens- und Zugangsgerechtigkeit als Schnittstellen ineinandergreifen können, um verantwortungsvolles Handeln wahrzunehmen.

▶   Verfahrensgerechtigkeit bildet das prinzipielle Recht auf Partizipation an umweltrelevanten Vorgängen ab, die eine Beeinflussung auf die Menschen haben können.

Verfahrensgerechtigkeit lässt sich am Beispiel von Planungsverfahren, die Entwicklungen im urbanen Gebieten vorsehen, beispielhaft erklären. Planvorhaben mit Umweltrelevanz müssen zwingend im Vorfeld ihrer Umsetzung mit den betroffenen Bewohnern besprochen werden, um deren berechtigte Interessen mit berücksichtigen zu können (vgl. Abb. 1.2). Das betrifft auch Planungen für investive Vorhaben im Rahmen der Regionalplanung, z. B. Planungen für eine Straße oder eine Industrieanlage.

In der klassischen Betrachtung von Umwelt kommt beispielsGerechtigkeit und Umwelt, wird deutlich, dass

weise die Gesundheitsbelastung infolge von Umwelteinflüssen nicht vor. Auch der Zusammenhang zwischen Umwelt, Nahrungskette und Gesundheit findet wider Wissen nur schwer Eingang, wenn von Umweltproblemen gesprochen wird. Dabei spielen präventiver, nachsorgender und integrativer Umweltschutz eine entscheidende Rolle, wenn es um Umweltbelastungen geht. Während insbesondere für die Arbeitswelt präventiver und integrativer Umweltschutz von Bedeutung sind, spielt der nachsorgende vor allem für die Planung, Bebauung und Gefahrenabwehr eine wichtige Rolle (Grafe, 2018). Betrachtet man die Arbeitswelt der Menschen als ein sozialräumliches Gebiet – als ‚Sozialen Raum‘ – wird schnell deutlich, dass die unmittelbar auf den erwerbstätigen Menschen einwirkenden arbeitsplatzbedingten Beeinflussungen ein Teil der soziologischen Umwelt, der Arbeitsumwelt, sind Basis dafür ist das Arbeitsschutzgesetz (ArbSchG) und dessen untergesetzlichen Regelungen. Die unmittelbare und mittelbare Beeinflussung durch die kleinräumige Umwelt am Arbeitsplatz bezieht den Arbeit-

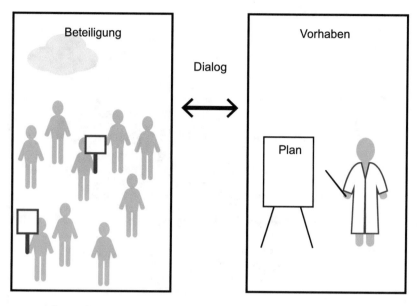

Abb. 1.2 Gelebte Verfahrensgerechtigkeit am Beispiel eines Partizipationsprozesses in öffentlichen Planvorhaben
Auf der linken Seite sind die im Planungsprozess Beteiligten und auf der rechten Seite die planenden Institutionen abgebildet.

nehmer direkt ein. Die umweltbezogenen Einflüsse am Arbeitsplatz wie Schadstoffe, Stäube und Lärm werden unter gesundheitsrelevanten Gesichtspunkten bewertet und für Prävention und Abhilfe gesorgt. In Sicherheitsdatenblättern sind sowohl die gesundheitsrelevanten als auch die umweltrelevanten Eigenschaften von Betriebs- und Hilfsstoffen dargestellt. Sie dienen nicht nur dem Gesundheitsschutz am Arbeitsplatz, sondern sind gleichzeitig auch ein wichtiges Dokument für den integrativen Umweltschutz (vgl. Abb. 1.3).

Der Mensch, der während seines Arbeitstages an einer Maschine steht, ggf. deren Lärm und den Vibrationen der Maschine ausgesetzt ist, erlebt eine Beeinflussung durch diese Emissionen, die durchaus als Immissionen zu gesundheitlichen Veränderungen führen können. Das bedeutet andererseits auch, dass die Arbeitswelt, in der der Menschen agiert, unmittelbar einwirkende Belastungen der Arbeitsumwelt als soziologische Umwelt generiert (vgl. Abb. 1.4). Die Arbeitswelt wird so zur Umwelt des Menschen, und er ist in der Arbeitswelt sozialisiert. Dem Sozialisierungsaspekt in der Arbeitswelt wird mit dem Arbeitsschutz-Gesetz (ArbSchG) Rechnung getragen, das maßgeblich für den Gesundheitsschutz am Arbeitsplatz verantwortlich ist. Mit ihm sind für verschiedene Arbeitswelten (Branchen) und für spezifische arbeitsplatzkonkrete Situationen Schutzmaßnahmen geregelt. Da das Schutzziel des Arbeitsschutzes der Erhalt der Gesundheit am Arbeitsplatz ist, dienen Arbeitsschutzmaßnahmen der

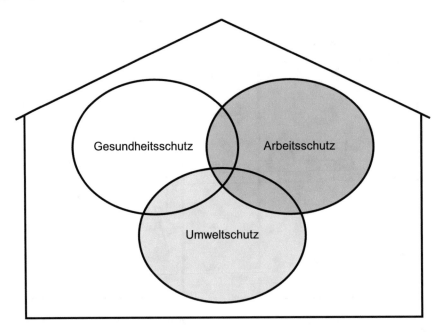

Abb. 1.3 Sozialräumliche Schnittstellen von Arbeitsschutz, Gesundheitsschutz und Umweltschutz am Beispiel der Arbeits(um)welt

Gesunderhaltung des Arbeitnehmers und des Arbeitgebers. Vergleicht man z. B. eine
gesundheitliche Beeinträchtigung durch Lärm, die nicht unmittelbar am Arbeitsplatz,
sondern an einem anderen Ort entsteht, spricht man von einer Umwelteinwirkung durch
Lärm. Betroffen ist dann die sogenannte Allgemeinheit. Kommt es zu Lärmimmissionen
am Arbeitsplatz, spricht man von arbeitsplatzspezifischen Gesundheitsbelastungen.
Dabei ist das gesundheitsrelevante Wirkungsspektrum des Lärms in beiden Fällen, der
Immission im öffentlichen Raum und der im Arbeitsraum, gleich. Es unterscheidet sich
im Einzelfall nur in der Stärke der Lärmeinwirkung und der Zeit der Einwirkung, der
Expositionszeit.

Sozialräumliche Aspekte sind also durchaus auch für die Bewertung von gesundheitlichen Beeinträchtigungen am Arbeitsplatz heranzuziehen. Die Arbeitswelt ist somit
als eine soziologische Umwelt zu bewerten[3]. Ein Vergleich von umweltbezogenen
Auswirkungen auf die sozialräumlichen Gebiete, wie Städte und Gemeinden mit der
sozialräumlichen Arbeitswelt legt nahe, dass beide nach den gleichen Prinzipien ihrer

---

[3] Zur Vertiefung wird auf Grafe Umweltgerechtigkeit: Arbeit, Sozialisation, Teilhabe und Gesundheit (2020) verwiesen.

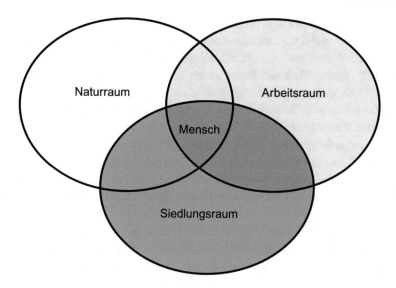

Abb. 1.4 Darstellung des Beziehungsgeflechts umweltlicher Räume

Wirksamkeit zu betrachten sind (vgl. Abb. 1.4). Die Gleichsetzung von biologisch/öko-
logischer Umwelt mit der soziologischen Umwelt in der Arbeitswelt im Hinblick auf
die jeweiligen Sozialisationsräume Sozialisationsräume – Wohnraum, Öffentlicher
Raum, Arbeitsraum – ermöglicht einen ganzheitlichen Ansatz für Umweltgerechtigkeit. Gleichzeitig ermöglicht dieser Ansatz einen Diskurs über Gesundheitsgerechtigkeit
(engl. *health equality oder health justice*), der auch die sozialräumlichen Aspekte in der
Arbeitswelt impliziert.

1.1.2 Reflexionen zum Begriff Umweltgerechtigkeit und Umweltbewusstsein *(Environment Justice and Environment Awarness)*

Gerechtigkeit und Umwelt – wie stehen Sie zueinander? Was ist Gerechtigkeit? Was
bedeutet Umweltbewusstsein? Wie finden sich Bewusstsein und der Gerechtigkeitsansatz in umweltbezogenen Fragestellungen wieder? Welche Arten der Gerechtigkeit
sind für umweltrelevante Betrachtungen von immanenter Bedeutung? Was versteht
man unter Umwelt? Was beinhaltet der ganzheitliche Begriff der Umwelt?

Betrachtet man die Begriffe Gerechtigkeit und Umwelt, wird deutlich, dass jeder von
sich aus ein hochkomplexes Themenfeld umfasst. Insofern müssen beide Begriffe –
Umwelt und Gerechtigkeit – erörtert werden. Dabei gilt es zu beleuchten, welche Inhalte
sich hinter beiden Begriffen verbergen und wie beide in konsensualer Beziehung stehen.

Reflexionen zum Begriff Gerechtigkeit

Der Begriff der Gerechtigkeit umfasst ein umfangreiches Geflecht aus unterschiedlichen Gerechtigkeitsbeziehungen. Recht und Gerechtigkeit sind normative Größen, wobei Gerechtigkeit nicht einfach mit Recht gleich gesetzt werden kann. Was für den Einen Gerechtigkeit ist, muss für den Anderen nicht zwangsläufig gerecht sein und umgekehrt. Auch Recht haben und Recht bekommen sind mitunter zwei verschiedene Dinge. Im Vergleich mit Recht kann auch Gerechtigkeit mit Hilfe von Normativen beschrieben werden, wird allerdings immer eine emotionale Komponente in sich tragen. Der Mensch empfindet Gerechtigkeit oder eben auch nicht. Mit der Rechtslage im juristischen Sinne, also dem normierten Recht, hat das nicht unbedingt etwas zu tun und ist schon gar nicht ebenbürtig. Im Englischen wird der Zusammenhang mit ‚*law and equity*‘ ausgedrückt.

▶   Gerechtigkeit ist ein normativer mit dem Sollen verbundener Begriff, der eine ethische Komponente hat. Mit ihm ist die Aufforderung verbunden, Verantwortung zu übernehmen, um ungerechte in gerechte Zustände umzuwandeln.

Gerecht Handeln setzt ein Bewusstsein voraus. Die Begriffe umweltbewusstes und umweltgerechtes Handeln sind sowohl in ihrem Ziel der Handlung als auch mit dem Willen des Handelnden verbunden. Man will der Umwelt nicht schaden, d. h. eine Verantwortung für den Umgang mit ihr übernehmen. Das setzt ein bewusstes Handeln voraus. Gerecht sein bedeutet, mit Verantwortung gegenüber anderen umzugehen. So lassen sich Begriffe wie familiengerecht, sozialgerecht, urlaubsgerecht oder umweltgerecht und weiteren ableiten. Wird von „umweltgerecht sein" gesprochen oder geschrieben, ist damit gemeint, dass mit der Umwelt verantwortungsbewusst umgegangen wird oder werden sollte – dass Schaden in der Umwelt durch Handeln vermieden wird. Demgegenüber steht Gerechtigkeit als ein auf spezielle Wirkungsfelder bezogenes Normativ wie Gesundheit oder Teilhabe und weitere (vgl. Abb. 1.5). Dazu gehören z. B. Verteilungs-, Zugangs- und Verfahrensgerechtigkeit.

Auch anhand der Begriffe „gerecht" und „ungerecht" ist ableitbar, dass Gerechtigkeit eine emotional besetzte Größe ist, die mit Gerechtigkeitsempfinden eng verbunden ist. Dabei sind die emotionalen Komponenten bei der Bewertung von Gerechtigkeit weitaus größer als bei gesetzkonformem Verhalten – der Rechtskonformität. Häufig wird Gerechtigkeit mit Rechtskonformität gleichgesetzt. Während Rechtskonformität die Einhaltung von Rechtsregularien bedeutet, ist Gerechtigkeit ein weitaus größer gestecktes Feld, das häufig nicht abschließend mit Rechtsregularien gestaltet oder beschrieben werden kann. Betrachtet man das Empfinden bei umweltbedingten Einwirkungen auf die belebte Natur und insbesondere auf den Menschen, stellt sich diese Problematik am Beispiel des Lärms deutlich dar. Was für den Einen sozusagen Musik in den Ohren ist, ist für den Anderen unerträglich. In Sachen Lärm, der physikalisch Schalldruck ist, kommt

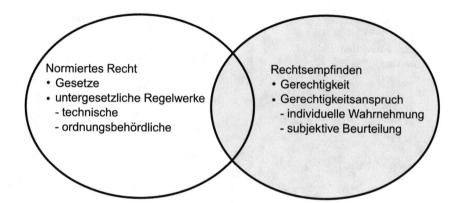

Abb. 1.5 Darstellung des Beziehungsgeflechts von Gerechtigkeit, Verantwortung und normiertem Recht

noch eine erhebliche Gesundheitsrelevanz dazu. Von Lärm provozierte Krankheitsbilder sind allseits bekannt (Babisch, 2012). Schon Robert Koch[4] formulierte:

> „Eines Tages wird der Mensch den Lärm ebenso unerbittlich bekämpfen müssen wie die Cholera und die Pest". (Zitat: Robert Koch)

Reflexionen zum ganzheitlichen Begriff ‚Umwelt'

Um beide, Umwelt und Gerechtigkeit, als einen Ansatz für einen Umgang miteinander verknüpfen zu können, ist es erforderlich, den Begriff der Umwelt ganzheitlicher als aus dem Blickwinkel der traditionellen Naturlehre zu betrachten. Um der Ganzheitlichkeit des Begriffes Umwelt gerecht zu werden, ist die Umwelt als ein Funktionalraum zu betrachten. Eine umfassende Beschreibung der Umwelt wurde vom Rat der Sachverständigen für Umweltfragen im Umweltgutachten von 1974 Stuttgart und dem von Mainz in 1978 gegeben (Umweltrat, 1978). Demnach kann der Begriff Umwelt folgendermaßen beschrieben werden.

▶   Umwelt ist die Gesamtheit aller existenzbestimmenden Faktoren, die die physischen, psychischen, technischen, ökonomischen, sozialen und soziologischen Bedingungen und Beziehungen des Menschen bestimmen.

Der Begriff Umwelt umfasst also weit mehr als dem aus der Naturlehre bekannten und gegenwärtig weitgehend betrachteten Ansatz. Umwelt als Begriff wird in sehr verschiedenen Zusammenhängen benutzt und wird derzeit gleichzeitig für sektorale

---

[4]Robert Koch: (1843–1910): Mediziner, Mikrobiologe und Hygieniker, Entdecker des Tuberkulose- Bakteriums, der Mykobakterien, des Milzbrandregers und der Vibrionen, Verfechter stadthygienischer Verbesserungen.

Abb. 1.6 Gegenüberstellung der Begriffe Umweltbeeinflussung und Umwelteinwirkung

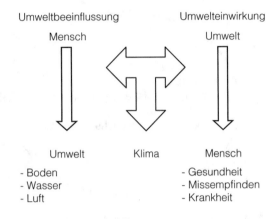

Handlungsweisen konkretisiert. Dabei spielen konkretes Umfeld und subjektive Wahrnehmung eine maßgebliche Rolle. Es stehen dabei schädliche Einwirkungen auf die Umwelt z. B. durch Chemikalien oder Lärm und Licht auf die Natur im Vordergrund. Schäden an Pflanzen, Tieren, Ökotopen wie Wäldern und Wiesen, Gewässern und weiteren, die durch Beeinflussung der Umwelt entstehen, werden folgerichtig als Schäden in der Umwelt bezeichnet – sind also Umweltschäden. Diese Schäden können durch menschliches Handeln, ebenso wie durch meteorologische Einflüsse, wie Starkregen, Wind oder Sonneneinstrahlung hervorgerufen werden. Die damit verbundenen Veränderungen in der Umwelt beeinflussen dann ihrerseits die Lebewesen. Diese von der Umwelt ausgehenden Beeinflussungen werden als Umwelteinwirkungen bezeichnet. Zwangsläufig muss also zwischen Umwelteinwirkungen, d. h. Einwirkungen aus der Umwelt auf ein System z. B. auf ein Ökosystem oder auf den Menschen und Umweltbeeinflussung, d. h. Einfluss eines Systems auf die Umwelt, unterschieden werden (vgl. Abb. 1.6).

Klassisch unterschieden wird der Begriff ‚Umwelt' in folgende Kategorien eingeteilt (vgl. Abb. 1.7):

- Biologisch/ökologischer Umweltbegriff,
- Geographischer Umweltbegriff,
- Betriebswirtschaftlicher Umweltbegriff,
- Soziologischer Umweltbegriff.

Dass Umwelteinflüsse Auswirkungen auf die Natur und andere materielle Güter wie z. B. Kulturgüter haben können, ist unumstritten. So wirken Schadstoffe aus der Luft auf Kulturgüter ein und tragen zur Zersetzung von Gebäuden und Kunstgegenständen bei. Diese Schäden werden auch als Immissionsschäden bezeichnet (vgl. Abb. 1.8).

Betrachtet man den Begriff Umwelt in seiner Ganzheitlichkeit, stellt er ein allumfassendes Themenfeld der Lebensumstände von Menschen sowie auch aller anderen

Abb. 1.7 Darstellung der sektoralen Zuordnung des Begriffes Umwelt

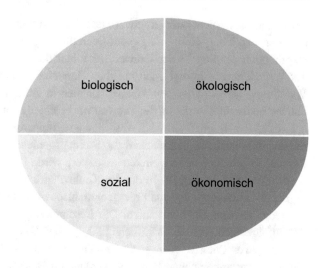

Abb. 1.8 Schäden an Kulturgut infolge von Umwelteinflüssen – Immissionsschäden (Grafe, 2018)

Lebewesen in ihrer Daseinsbestimmung und ihren Veränderungen dar. Im allgemeinen Sprachgebrauch werden dann Begriffe wie Rahmenbedingungen, Beeinflussungen der Existenz bzw. der Entwicklung des Einzelnen oder der Gruppe von Lebewesen metaphorisch beschrieben. Sind in diesem Zusammenhang daseinsbestimmende Faktoren angesprochen, werden diese häufig in den äußeren Rahmenbedingungen gesucht und verortet. Als von außen einwirkende Veränderungen werden auch die von der Natur ausgehenden angesehen, wobei nicht immer eindeutig ist, ob es natürliche vom Menschen nicht zu verantwortende Beeinflussungen sind. In der Unschlüssigkeit der expliziten Zuordnung von Beeinflussungen auf lebende Systeme entstand ursprünglich der Begriff der Umwelt. Er bildet derzeit vor allem Lebensräume ab, die mit Veränderungen infolge menschlichen Handelns – anthropogene Beeinflussung – in Verbindung gebracht werden können. In diesem Zusammenhang ist auch die allseits übliche sektorale Zuordnung der Umwelt zur belebten Natur entstanden, die dazu geführt hat, dass der Begriff Umwelt, insbesondere umgangssprachlich, fast ausschließlich mit Baumbeständen, Grünflächen in Ballungsgebieten, Klimaveränderungen, Abfall, Ressourcengebrauch und weiteren assoziiert wird. Es entstand der biologische bzw. ökologische Umweltbegriff. In diesem Kontext spricht man von biologischer bzw. ökologischer Umwelt, zu der auch die geographischen Ausprägungen wie Berge und Täler als geographische Umwelt zählen. Die Beschreibung der biologischen Umwelt würde demzufolge bedeuten, dass sämtliche biologischen Systeme, wie die Zelle, das Gewebe, die komplexe Pflanze oder auch das Tier und deren Funktionen im Geflecht biologischer Zusammenhänge bewertet werden. Im Begriff selbst sind die umwelttoxikologischen und ökotoxikologischen Wirkungen aus der Umwelt nicht appliziert. Die Verflechtungen der sektoralen Begriffszuordnungen müssen neu zugunsten eines ganzheitlichen Umweltbegriffs definiert werden. Unter der Voraussetzung, dass die Umwelt ein Raum ist, müssen Raumbeziehungen, die die Umwelt ausmachen, betrachtet werden. Solche Raumbeziehungen können die Umwelt und die Arbeitswelt, die Umwelt und die Welt des Wohnens, die Umwelt und die Wirtschaft, aber auch die Welt des Erholens und weitere sein (vgl. Abb. 1.9). Die Schnittstellen der verschiedenen Raumbeziehungen eröffnen jeweils einen beidseitigen Blick von den in direkter Beziehung stehenden Welten.

Legt man die Raumbeziehungen der Umwelt den Betrachtungen des Umgangs mit umweltrelevanten oder umweltbezogenen Funktionen und Ereignissen in den Fokus der umweltbezogenen Beziehungen, wird klar, worin Unterschiede oder auch Gemeinsamkeiten von Umgebung und Umwelt bestehen. Häufig wird die Umgebung als der kleinere Raum betrachtet und bewertet und der weitaus größere, der sich dem Einzelnen nur unvollkommen erschließt, mit der Umwelt. Vor diesem Hintergrund wird auch deutlich, warum die Befragung von Menschen dazu, ob diese mehr für die Umwelt tun würden, positiv ausfällt. Dieselben Menschen aber nicht oder nur sehr ungerne auf den Verbrauch von umweltrelevanten Ressourcen verzichten würden. So gibt ein Großteil von Befragten an, dass sie dafür sind und es für wichtig erachten, die Umwelt zu schonen, d. h. sich umweltbewusst zu verhalten, gleichzeitig aber kontraproduktive Verhaltensweisen zeigen und diese auch verteidigen (Schipperges, 2018). Während für das individuelle Umweltbewusstsein die belebte Natur im Vordergrund steht, hat das umweltbewusste Verhalten im Sektor der Wirtschaft eine betriebswirtschaftliche Bedeutung – das entspricht dem Sektor betriebswirtschaftliche Umwelt. Die Erkenntnis, dass Umweltschutz in einem Betrieb neben positiven Marketingeffekten auch monetären Gewinn generieren kann, hat sich weitgehend durchgesetzt. Der so geprägte betriebswirtschaftliche Umweltbegriff kann sowohl aus der Sicht des Arbeitnehmers als auch des Arbeitgebers betrachtet

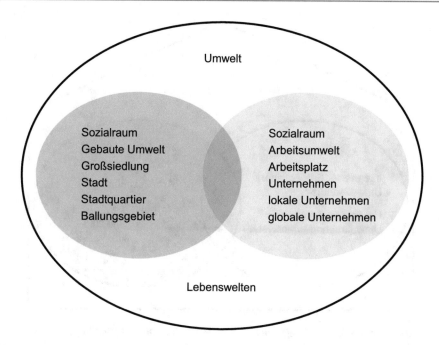

Abb. 1.9 Darstellung des ganzheitlichen Begriffs ‚Umwelt' und dessen Raumbeziehungen

werden. Darüber hinaus ist der betriebswirtschaftliche Umweltbegriff mit dem Arbeitsplatz und dessen unmittelbarem Umfeld vernetzt (vgl. Abb. 1.10).

Zunehmend wird mit betriebswirtschaftlichen Instrumenten wie z. B. mit Umweltmanagementsystemen (EMAS) (EMAS = *Eco-Management and Audit Scheme*) gearbeitet, die den umweltgerechten, das heißt verantwortungsbewussten Umgang mit den umweltrelevanten Ressourcen, wie Wasser und Energie, im Unternehmen festschreiben. Das beinhaltet insbesondere die Anstrengungen, die in Bezug auf ein umweltverträgliches Prozessstrommanagement, Ressourceneffizienz und Ressourcenschutz unternommen und zum großen Teil auch erreicht werden. Trotzdem steht am Ende einer Produktions- bzw. Fertigungskette möglicherweise ein Output von Luftschadstoffen und es fallen Betriebs- und Hilfsstoffe an, die so verbracht werden müssen, dass möglichst keine Schäden in der Umwelt – der Umwelt am Arbeitsplatz und der Umwelt außerhalb der Betriebsstätte – entstehen können. Dazu gehört z. B. die Wiederverwendung von produktionsspezifischen Abfällen über verschiedene Wege der Wiederverwertung mit Hilfe von *Upcycling, Downcycling* oder *Ecycling*[5]. Umweltverträgliches Verhalten eines Betriebes bedeutet insofern, wie auch beim individuellen Verhalten, Verantwortung gegenüber

---

[5] Qualitativ unterschiedliche Wiederverwertung von Abfallstoffen.

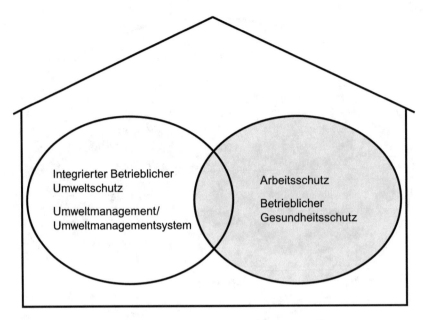

Abb. 1.10 Schnittstellen von integriertem betrieblichen Umweltschutz und Arbeitsschutz

der Umwelt zu übernehmen, das auch den Umgang mit Obsoleszenz[6] beinhaltet. Der betriebsbezogene Umweltschutz besteht darin, dass der Betrieb die natürliche Umwelt mit ihren Ressourcen nicht schädigt bzw. missbraucht und gleichzeitig umweltbezogene gesundheitsschädigende Beeinflussungen am Arbeitsplatz verhindert. Neben dem verantwortungsbewussten Umgang mit den umweltbezogenen Ressourcen impliziert dies auch die physischen, psychischen und sozialen Komponenten des Arbeitsschutzes.

1.1.3   Umweltzerstörung und Umweltbewusstsein *(Environment Distraction and Environment Awarness)*

Wie hat Umweltzerstörung zu einem Umweltbewusstsein geführt? Ist Umweltzerstörung gleich Umweltbeeinflussung? Wie kann der Umweltzerstörung Einhalt geboten werden? Wieviel Verantwortung braucht es, um Umweltzerstörung zu reduzieren? Welche Folgen für die menschliche Gesundheit sind infolge von Umweltzerstörung zu erwarten?

Das Umweltbewusstsein der Menschen ist infolge vielfältiger Erkenntnisse aus Wissenschaft und Forschung in Bezug auf die Beeinflussung von Mensch und Natur

---

[6]Obsoleszenz: Alterung eines Produkts infolge von Herstellungsweise, Materialverwendung oder Ähnlichem, die zur Funktionsunfähigkeit oder zum Verschleiß führt.

durch Umweltveränderungen in den letzten Jahrzehnten des 20. und 21. Jahrhunderts stark gewachsen. Die Zusammenhänge von umweltbedingten Beeinflussungen und Schädigungen sind erkennbarer geworden. Viele Phänomene in der Natur, wie Klimaveränderungen, Populationsveränderungen, krankhafte Veränderungen an Pflanzen, Tieren und nicht zuletzt auch beim Menschen haben dazu geführt – wenngleich auch noch viele offene Fragen bestehen.

▶ Umweltbewusstsein ist Erkenntnis und Einsicht eines Menschen darüber, dass er die natürliche Umwelt – und damit die Lebensgrundlage der Menschen – durch sein Tun und Lassen bzw. durch Eingriffe in die Umwelt schädigen bzw. das natürliches Gleichgewicht der Natur gefährden kann.

In der Vergangenheit stand im Fokus der öffentlichen Diskussion die Umweltbeeinflussung durch menschliches Handeln. Es wurden die anthropogenen, d. h. durch den Menschen hervorgerufenen Beeinflussungen der natürlichen Umwelt, erforscht, gemessen und ihre Wirkungen ausgewertet. Es entstand ein umfangreiches Datenmaterial, das derzeit in einer Vielzahl von Datenbanken und spezifischen Fachinformationssystemen (FIS) gesammelt, bewertet und verschiedenen Nutzergruppen zur Verfügung gestellt wird. Infolge der schädigenden Einträge, die auch *Impacts* genannt werden, entstanden weltweit gesetzlich fundierte Regularien mit dem Ziel, Schädigungen von Natur und Umwelt zu vermeiden, Mit der Formulierung von Schutzzielen für die Umweltkompartimente Luft, Wasser und Boden entstanden sukzessiv Gesetzeswerke und deren untergesetzliche Regelungen, wie technische Anleitungen (TA), technische Richtwerte (TR), Richtlinien (RL) und Verordnungen (V). Zu den wichtigsten Gesetzen, die den Umgang mit den Umweltkompartimenten regeln, gehören derzeit in der Bundesrepublik Deutschland das Bundesimmissionsschutz-Gesetz (BImSchG), das Bundes-Bodenschutz-Gesetz (BBodSchG), das Wasserhaushaltsgesetz (WHG) und die Wasserrahmenrichtlinie (WRRL). Die WRRL ist darüber hinaus ein Regularium für alle Mitgliedsstaaten der Europäischen Union (EU). Vergleichbare gesetzliche Regularien gibt es in der Zwischenzeit in allen Wirtschaftsregionen der Welt. Sie unterscheiden sich nicht wesentlich, sind manchmal unterschiedlich geprägt, was den Besonderheiten und den Interessen der Länder geschuldet ist. Betrachtet man die gesetzlichen Regularien, die dem Schutz der Umweltkompartimente dienen, für folgende Wirtschaftsregionen:

- Wirtschaftsregion Europa – EWR (EWR = Europäischer Wirtschaftsraum) – mit den Ländern der europäischen Union mit der Besonderheit der Mitgliedschaft der Schweiz und von Australien,
- Die asiatische Wirtschaftsregion – AFTA (AFTA = *Asien Free Trade Area*) – mit China, Korea und weiteren asiatischen Staaten mit der Besonderheit der Mitgliedschaft Indiens,
- Die Wirtschaftsregion Nordamerika – NAFTA (NAFTA = *North American Free Trade Area*) – mit den USA, Kanada und Mexiko.

Im Großen und Ganzen wurden im Zuge der Globalisierung gleichartige oder sehr ähnliche Regularien für den Umgang mit der Umwelt geschaffen wurden. Als Beispiel dafür sei die EU-Richtlinie 2011/65/EU (RoHS) (RoHS = *Restriction of certain Hazardous Substances*) genannt, die der Beschränkung der Verwendung bestimmter gefährlicher Stoffe in Elektro- und Elektronikgeräten dient. Für diese Richtlinie gibt es sowohl in Korea als auch in China modifizierte Auslegungen – die Korean-RoHS oder China-RoHS. Australien hat z. B. die im EWS gültige RoHS ohne Veränderung übernommen. Für dieses weltweite Procedere gibt es eine Vielzahl von Beispielen für Regularien, die den Schutzzielen der Umweltkompartimente dienen. Die Schaffung harmonisierter Regularien zum Schutze der Umwelt ist eine Grundtendenz in der nunmehr stark globalisierten Welt. Dass dabei lokale Besonderheiten von den einzelnen Wirtschaftsregionen eingebracht werden, sollte das verantwortungsbewusste Handeln nicht stören. Es ging aber auch darum, die Menschen und insbesondere die Wirtschaft im Hinblick auf den Erhalt der biologisch/ökologischen Umwelt zu einem umweltbewussten bzw. umweltgerechten Verhalten zu bewegen – das Umweltbewusstsein zu schärfen. Gleichzeitig wurde erkennbar, dass die Schäden, die in der Umwelt entstehen, auch eine schädigende Wirkung auf den Menschen hatten und haben.

1.2   Umweltgerechtigkeitsansatz – nur ein akademischer Diskurs?

Ist sozialraumbezogene Umweltgerechtigkeit ein Phänomen der Gegenwart? Gibt es einen Zusammenhang von Umwelt- und Gesundheitsbelastungen? Welche Bedeutung haben diese im Kontext mit Umweltgerechtigkeit? Was ist Stadtklima und welche Bedeutung hat es für die Gesundheit der Menschen? Ist sozialraumbezogene Umweltungerechtigkeit auf Gesundheitsbelastungen reduziert?

Schädliche Umwelteinflüsse gestern und heute
Mit dem Anliegen des Schutzes von Stadtbewohnern gegen schädliche Einflüsse aus der Umwelt hat man sich schon Ende des 19. Jahrhunderts beschäftigt. Im Fokus der Betrachtung standen dabei vor allem der Straßenbau, die Wasserversorgung und die Abwasserreinigung. Letztere insbesondere wegen der Verbesserung der stadthygienischen Verhältnisse. Der Schutz der menschlichen Gesundheit gegen gesundheitsgefährdende oder störende Einflüsse aus der räumlichen Umgebung wie Luftverschmutzung, und Lärm sowie das Vorhalten von städtischen Freiflächen, die der Gesundheitsprävention und der Erholung dienen, nahm einen breiten Raum bei der Stadtgestaltung ein (Albers, 1996). Ein Beispiel dafür ist u. a. die Dissertationsschrift von Martin Wagner[7] zum Thema: „Sanitäres Grün" aus dem Jahre 1915. Schon damals

---

[7] Wagner, Martin (1885–1957): Stadtplaner, Architekt und Stadttheoretiker.

ging es um die gesundheitsbezogene Bedeutung städtischer Grünanlagen für die Wohnbevölkerung. In der Dissertationsschrift wird vor allem auf die bedeutende Funktion von innerstädtischen Grünanlagen als „grüne Lungen" für Großstädte eingegangen. In der damaligen Zeit ging es aber auch um die Besonnung im großstädtischen Milieu. Infolge der Verdichtung der Wohngebiete in der sogenannten Gründerzeit mit mehreren engen Hinterhöfen und Hochbebauung war die Bedeutung des Sonnenlichts für die ärmere städtische Bevölkerung groß. Krankheitsbilder infolge unzureichender Besonnung und aus heutiger Sicht unzumutbaren hygienischen Verhältnissen prägten diese Wohnquartiere. Schon im Mittelalter bis hin zur Mitte des 19. Jahrhunderts wurden Krankheitsepidemien mit den sogenannten Miasmen in Verbindung gebracht. Unter Miasmen verstand man üble Gerüche, die über die Luft verbreitet wurden und Krankheiten bewirkten (Corbin, 1987). Der Arzt Rudolf Virchow[8] erkannte die Quellen der über die Luft übertragenen Krankheitskeime und bewirkte maßgeblich den Bau der 1870 eingeführten Abwasserkanalisation von Berlin, die noch heute genutzt wird. Mit der Einführung von Abwasserkanalisationen in Städten entstand auch die Rieselfelderwirtschaft[9], die der Abwasserreinigung diente (Krywanek, 2004). Mit dem ständigen Anwachsen der Berliner Bevölkerung infolge der Industrialisierung reichte die Abwasserkanalisation bald nicht mehr aus und es wurde von Hobrecht[10] im Berliner Raum die Rieselfelderwirtschaft eingeführt.

Die Ambivalenz der Rieselfelderwirtschaft im Kontext von Umwelteinfluss und Umweltbeeinflussung

Zwischen 1875 und 1892 entwickelte sich Berlin Dank des Kanal- und Rieselfeldsystems zu einer der saubersten Städte der Welt. An den tiefsten Punkten der Stadt wurden die Abwässer aus der Kanalisation gesammelt und ins Umland gepumpt. Zur Versickerung dieses Abwassers entstanden in der Umgebung Berlins 20 Rieselfeldgebiete. Mit der Verrieselung wurden die Abwässer durch den Boden gefiltert. Feststoffe wurden von den Bodenpartikeln festgehalten und für Pflanzen bioverfügbar gemacht. Der ertragsarme sandige Boden wurde so im Laufe der Zeit mit organischen Nährstoffen versorgt, das zu einer ertragreicheren Landwirtschaft und letztendlich der besseren Nahrungsversorgung der Großstadt führte. Mit Beginn der 1960er Jahre mussten die Rieselfelder neu qualifiziert werden, in dem spezielle Membranfilterverfahren eingesetzt wurden, die es ermöglichten industriell eingetragene Schadstoffe und Phosphate[11] aus privaten Haushalten aus dem Abwasser weitgehend zu auszufiltern. Mit der Zunahme der Bevölkerung und der damit verbundenen Zunahme

---

[8] Virchow, Rudolf (1821–1902): Mediziner und Universalgelehrter.

[9] Rieselfelderwirtschaft: Abwasserreinigungsprozess.

[10] Hobrecht, James (1825–1902): Stadtplaner und Stadtbaurat in Berlin.

[11] Phosphate: Bestandteil von Waschmitteln.

von Schadstoffen im Abwasser wurde 1985 die Rieselfelderwirtschaft eingestellt, weil keine Nahrungsmittel infolge der Schadstoffbelastung des Bodens und damit der Nahrungskette mehr angebaut werden durften. Mit dem plötzlichen Wegfall der riesigen Wassermengen kam es allerdings zu einem schlagartigen Austrocknen der Böden und der Grundwasserspiegel sank rapide ab. Die nicht mehr genutzten Rieselfelder weisen bis heute eine hohe Schadstoffbelastung auf. Die infolge der Jahrzehnte betriebenen Rieselfelderwirtschaft gestörte Bodensituation macht die Nachnutzung noch immer zu einer Herausforderung (SenStadt, 2022). Rieselfelder sind nur sehr schwer und vor allem nicht kurzfristig zu renaturieren. Jedwede Nachnutzung bedarf einer Prüfung, mit dem Ziel einer Mitigation[12]. ◄

Historische und aktuelle Entwicklungen des Umweltgerechtigkeitsansatzes
Vor allem in den von der Industrie geprägten Städten, die sich im Zuge der rasanten Industrialisierung der Wirtschaft Ende des 19. bis Anfang des 20. Jahrhunderts entwickelte, entstanden Wohnquartiere, die von erheblicher gesundheitlicher Brisanz geprägt waren: Schlechte Bausubstanz, bis zu acht Hinterhöfe und eine hohe Wohndichte.

> Je höher der Wohnbesatz, d. h. je mehr Menschen auf engen Raum leben, desto größer ist die Wahrscheinlichkeit für die Ausbreitung von Infektionskrankheiten.

Nicht selten wohnten zehn bis zwölf Bewohner in einer Zweizimmerwohnung mit Küche, ohne Bad und WC. Luftverschmutzung und schlechte hygienische Wohnverhältnisse führten zu Krankheitsepidemien. Raumreduktion ist eine der Hauptursachen für das Entstehen und die Ausbreitung von Epidemien und Pandemien. Die sprichwörtliche Englische Krankheit (Rachitis), die in den Arbeiterquartieren unter den Kindern der Textilarbeiter in England ausbrach, hat ganze Generationen gezeichnet. Infolge der Kinderarbeit in den Textilfabriken über bis zu zwölf Stunden am Tag fehlte frische Luft und in diesem Falle auch Sonnenlicht. Schlechte und unzureichende Ernährung unterstützte diese Prozesse[13]. Mit der Erkenntnis, dass Luftverschmutzungen infolge der industriellen Produktion maßgebliche Ursache für Krankheiten sind, wurde versucht, mit einer Reihe von Aktivitäten entgegen zu wirken. Darüber hinaus wurden die sozialen und hygienischen Wohn- und Lebensbedingungen in den Arbeitervierteln der Städte zunehmend kritisch angeprangert. Forschungsergebnisse, wie die Entdeckung

---

[12] Mitigation: Prüfverfahren für die Machbarkeit eines Vorhabens bei bekannter Schadstoffbelastung.
[13] Zur Vertiefung wird auf Grafe Umweltgerechtigkeit – Wohnen und Energie (2020) verwiesen.

des Tuberkulose Bakteriums und anderer Krankheitskeime sowie Schadstoffe am Arbeitsplatz wie Stäube, lenkten zunehmend die Aufmerksamkeit auf die Lebensumstände der Menschen. Bereits Ende des 19. Jahrhunderts versuchte man auf die Verursacher von diesen Emissionen einzuwirken, die Immissionen zu reduzieren, was beim damaligen Stand der Technik zu keiner wesentlichen Verbesserung führte. Aber auch in den etwas besseren Wohnquartieren entstand der Drang, gesunde Luft zu atmen und im Grünen Erholung und Stärkung zu suchen. In der Folge entwickelte sich um die Jahrhundertwende vom 19. zum 20. Jahrhundert eine rege Bäder- und Freiluftkultur. Beleuchtet man diese kritisch, kann man leicht erahnen, dass die Einkommensschwächsten an dieser neuen Kultur wenig bis keine Teilhabe hatten. Versuche, Verbesserungen in sozialräumlichen Strukturen einzuklagen, hat es vor allem im Zeitraum nach 1918 bis 1933 gegeben. Mit dem Ende des 1. Weltkrieges kamen nunmehr in Folge der Entaristokratisierung und der Entwicklung eines Stiftungs- und Versicherungssystems auch die sogenannten „Sozialgäste" in die einschlägigen Bade- und Kurorte (Zadoff, 2003). Allerdings sind diese Aktivitäten mit der Teilhabe im heutigen Sinne nicht vergleichbar (Albers, 1996). Die Zusammenhänge von Umwelteinflüssen und die damit verbundenen gesundheitlichen Belastungen infolge von sozioökonomischer Lage, Bildungsniveau, Arbeitswelt und urbaner Wohn- und Aufenthaltsqualitäten machen deutlich, welche Handlungsfelder für eine zu gestaltende Umweltgerechtigkeit abzuleiten sind.

Hintergründe von Umweltbewusstsein und Umweltbewegung – Umweltgerechtigkeit

Umweltbewegung und Umweltgerechtigkeit wodurch unterscheiden sie sich? Woraus hat sich die Bewegung für eine Umweltgerechtigkeit entwickelt? Welche sozialräumlichen Bedingungen haben zu dieser Bewegung geführt? Wie ist der Stand der Umsetzung von Umweltgerechtigkeit? Ist er institutionell verortet? Und, wenn ja wo?

Der ganzheitliche Begriff der Umwelt und der der Umweltverschmutzung ist ein relativ neuer und gleichzeitig ein prägender für die Zeitspanne von den 1960er Jahren bis heute (vgl. Abb. 1.14 Kalendarium der Umweltgerechtigkeitsbewegung in den USA). Von ihr leitete sich der Begriff Anthropozän ab. Ausgangspunkt der modernen Umweltbewegung war und ist bis heute die von Carson[14] mit dem Buch Silent Spring veröffentlichten Erkenntnisse über die Wirkung von DDT[15] auf die menschliche Gesundheit (veröffentlicht 1962). Carson setzte sich mit den toxischen Wirkungen des Insektizids DDT und dessen Verwendung auseinander und regte gleichzeitig ein Nachdenken

---

[14] Carson, Rachel Louise (1907–1964): Zoologin, Wissenschaftsjournalistin und Sachbuchautorin.

[15] DDT: Dichlordiphenyltrichlorethane (UPAC) – Insektizid, Verbot des Einsatzes seit den 1970er Jahren in den meisten europäischen Staaten.

über den Umgang der Menschen mit der Natur an. 1965 veröffentlichte Alexander von Mitscherlich[16] das Buch ‚Die Unwirtlichkeit unserer Städte'. Er stellte darin die Art und Weise des Umganges der Kommunen in Deutschland beim Wiederaufbau der Städte und Gemeinden nach dem 2. Weltkrieg zur Diskussion, in dem er die Zukunftsfähigkeit dieses Handelns infrage stellte. Dabei ging es ihm vor allem um die Kritik an der fehlenden Förderung der Sozialisation in den Städten – ein Erbe das noch heute nachwirkt (Mitscherlich, 1965). Derzeit umfasst das interdisziplinäre Themenfeld der Umweltbeeinflussung bzw. deren Zerstörung Forschungsaktivitäten zum Ist-Zustand und die Entwicklung von Zukunftsszenarien auf einer evidenten Datenlage, die die Veränderungen und den jeweiligen Zustand der natürlichen Kompartimente – Boden, Wasser – Luft sowie die damit unmittelbar zusammenhängende Klimaveränderung abbildet. Die dazu erhobenen Daten und abgeleiteten Erkenntnisse und wegweisenden Handlungsfelder stehen jedoch erst am Anfang eines umfangreichen Forschungs- und vor allem Handlungsfeldes (Hornberg, 2011). Sie haben derzeit die breite Bevölkerung, die die eigentliche Zielgruppe ist, nur unzureichend erreicht. Es ist zwar zunehmend ein sogenanntes Umweltbewusstsein entstanden, das jedoch in einem singulären Verständnis von Umwelt verhaftet und damit defizitär ist. Der komplexe Zusammenhang von allen Lebensfunktionen und deren Interaktionen mit ökonomischen, sozialen und politischen Gegebenheiten wird noch immer nicht ausreichend kommuniziert und erkannt. So ist aktuell ein Großteil der Böden weltweit infolge kriegerischer Auseinandersetzungen mit gesundheitsrelevanten Schadstoffen, wie Schwermetalle und hochkomplexe chemische Verbindungen kontaminiert (EU, 2019). Polyzyklische Aromatische Kohlenwasserstoffe (PAK) und Mineralölreste verhindern weltweit in verschiedenen Regionen den Anbau von Nahrung. Der Anteil der anthropogenen Umweltzerstörung und damit der Klimastörung, die ugs. Klimawandel genannt wird, ist erheblich. Versiegelung von Boden infolge von Überbauung führt nicht nur zum Verlust von Biodiversität, sondern trägt auch maßgeblich zur Klimaerwärmung bei. Der thermische Wirkungskomplex von Versiegelung und Baukörpergeometrie, wie z. B. in innerstädtischen Verdichtungsgebieten aber auch in Großsiedlungsräumen mit fehlenden Kaltluftschneisen, ist an der Erdatmosphärenerwärmung beteiligt. Mit diesen thermischen Wirkungen wird unter anderem eine höhere Mortalitätsrate der betroffenen Bevölkerung in Zusammenhang gebracht (Kosatzki, 2005; Robine, 2007).

> „Schon lange ist bekannt, dass die soziale Lage mit über den Gesundheitszustand eines Menschen entscheidet und die Lebenserwartung beeinflusst. Vor allem Bildungsniveau und Einkommenshöhe sind ausschlaggebend. Entscheidend sind aber auch die sozialen Probleme des Wohnumfeldes in dem man lebt". (Flasbart, 2011)

---

[16] Mitscherlich von, Alexander Harbord (1908–1982): Arzt, Psychoanalytiker und Schriftsteller.

Geht man von diesem Zitat aus, wird deutlich, dass zum Umweltbegriff neben der Immissions-, der Einkommens- und der Arbeitssituation, das Wohnumfeld und die Wohnung selbst gehören. Umweltgerechtigkeit impliziert somit Teilhabe an Bildung, gesundheitsfördernde Urbanität im Sinne öffentlicher Gesundheitsvorsorge (engl. *public health*), gesunde Wohnqualität, sowie ein gesundheitsförderndes Stadtklima, das als Bioklima (engl. *bioclimate*) bezeichnet wird (Schlicht, 2011).

▶ Bioklima ist die Gesamtheit aller klimawirksamen Effekte auf Organismen. Dazu gehören lokale meteorologische Bedingungen, wie UV-Strahlung, Wärmestrahlung, Luftfeuchte, Luftaustausch, Besonnung und Inversionswetterlagen.

Bioklimatische Verhältnisse werden mit Hilfe human-biometeorologischer Indikatoren erfasst und bewertet. Diese Indikatoren geben Hinweise darauf, wie sich Stadtklima durch Bebauungsstrukturen inklusive Bodenversiegelung, Schadstoff- und Staubbelastungen verändert und ausprägt.

▶ Als Stadtklima wird der von spezifischen städtischen Oberflächenstrukturen sowie von anthropogenen Wärme- und Schadstoffemissionen veränderte Zustand der atmosphärischen Grenzschicht in der Stadt bezeichnet.

Dabei spielt der thermische Wirkungskomplex von Versiegelung und Baukörpergeometrie besonders in innerstädtischen Verdichtungsgebieten aber auch in Großsiedlungsräumen mit fehlenden Kaltluftschneisen eine wichtige Rolle. Mit den thermischen Wirkungen wird unter anderem eine höhere Mortalitätsrate der betroffenen Bevölkerung in Zusammenhang gebracht (Kosatzki, 2005; Robine, 2007). Vor diesem Hintergrund wurden für den Umgang mit den umweltbedingten gesundheitlichen Belastungen in städtischen Ballungsgebieten Handlungsfelder definiert (vgl. Abb. 1.11).

Ausgehend von der Ganzheitlichkeit des Begriffes Umwelt sind die Umwelteinflüsse auf das Leben im Kontext von Gerechtigkeit und Ungerechtigkeit (engl. *injustice*), als Umweltgerechtigkeit bzw. Umweltungerechtigkeit (engl. *environment injustice*) zu betrachten. Der Zusammenhang von sozialräumlichen Faktoren und umweltbedingten Beeinflussungen der Lebensqualität der Menschen und ihrer Gesundheit wird derzeit im Forschungsfeld Umweltgerechtigkeit als Umweltgerechtigkeitsansatz formuliert. Wenn Umweltgerechtigkeit fokussiert wird auf umweltbedingte Beeinflussungen der menschlichen Gesundheit, kann auch von umweltbezogenen Gesundheitsgerechtigkeit gesprochen werden (vgl. Abb. 1.12).

Die sozialraumbezogene Gesundheitsgerechtigkeit entspricht der sozialraumbezogenen Umweltgerechtigkeit gegenüber den Betroffenen (Bunge, 2009).

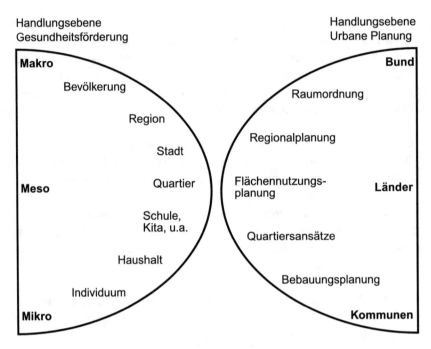

Abb. 1.11 Darstellung von Themen- bzw. Handlungsfeldern für Umweltgerechtigkeit in der Raumplanung (geringfügig verändert nach Sieber, 2017)

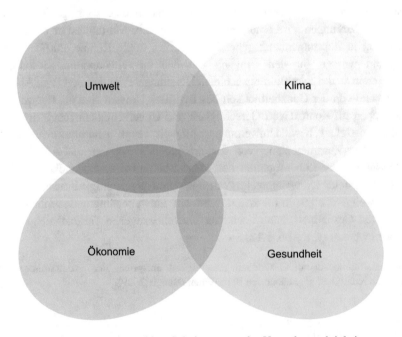

Abb. 1.12 Darstellung von ausgewählten Schnittmengen des Umweltgerechtigkeitsansatzes

Abb. 1.13 Kalendarium der Umweltschutzgesetzgebung in Deutschland – Stand 2019

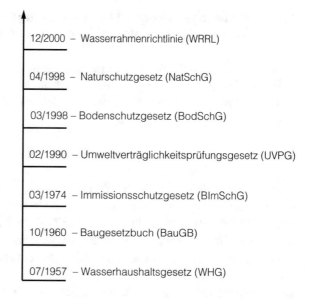

12/2000 – Wasserrahmenrichtlinie (WRRL)

04/1998 – Naturschutzgesetz (NatSchG)

03/1998 – Bodenschutzgesetz (BodSchG)

02/1990 – Umweltverträglichkeitsprüfungsgesetz (UVPG)

03/1974 – Immissionsschutzgesetz (BImSchG)

10/1960 – Baugesetzbuch (BauGB)

07/1957 – Wasserhaushaltsgesetz (WHG)

Dazu gehören auch die Arbeits- und Lern(um)welt, d. h. Arbeitsplatzumgebung und die Lernumgebung. Die Zusammenhänge von Umwelteinflüssen und die damit verbundenen gesundheitlichen Belastungen infolge von sozialer Lage, Bildungsniveau, Arbeitswelt und urbaner Wohn- und Aufenthaltsqualitäten machen deutlich, welche Handlungsfelder für eine zu gestaltende Umweltgerechtigkeit abzuleiten sind. Zunehmend stehen Umweltzerstörung, Klimastörung infolge von Umweltzerstörung und Verlust der Biodiversität insgesamt nicht nur im Fokus von akademischen Diskussionen und Betrachtungen sondern auch in der öffentlichen Debatte. Dies auch vor dem Hintergrund, dass Artensterben, Klimawandel und Verlust an Biodiversität erlebbar geworden ist. Darüber hinaus wird eine Vielzahl von gesundheitlichen Belastungen mit Umweltzerstörung und Klimastörung in Verbindung gebracht. Vor diesem Hintergrund hat sich mit Beginn der 1970er Jahre die Umweltschutzgesetzgebung entwickelt (vgl. Abb. 1.13).

Die Umweltschutzgesetzgebung mit ihren untergesetzlichen Regelungen und Verordnungen zielt explizit auf den Schutz der biologisch-ökologischen Umwelt als Schutzgut ab. Die humanbiologischen Belastungen blieben weitgehend unerwähnt. Mit Beginn der 1980er Jahre entwickelte sich Umweltmedizin, als eine Teildisziplin der Humanmedizin. In der Umweltschutzgesetzgebung blieb das Thema Gesundheitsschutz unerwähnt. Die Verknüpfung von Schutzgut biologisch-ökologische Umwelt mit dem Schutzgut menschliche Gesundheit bedarf bis heute einer explizit ausgelegten Rechtsform, dies auch vor dem Hintergrund der Herausforderungen, die der Klimawandel mit all seinen Facetten mit sich bringt.

1.2.1 Umweltgerechtigkeit in den vereinigten Staaten von Amerika *(Environmental Justice in United Staats of America)*[17]

Was war die Ursache für eine Umweltbewegung in den USA? Wo war die Quelle für den Ruf nach Gerechtigkeit in Bezug auf die Lebensqualität der Menschen in den USA? Waren es die Soziökonomischen Verhältnisse? Welche Rolle spielte der allgegenwärtige Rassismus?

In den USA entwickelten sich zwei Umweltgerechtigkeitsbewegungen, eine schwarze und eine weiße Bürgerrechtsbewegung. Hintergrund dafür waren Umweltskandale in verschiedenen Städten der USA, die meistens mit Abfalldeponien in Zusammenhang standen. Auslöser für die sogenannte schwarze Umweltgerechtigkeitsbewegung waren in allen Fällen die Benachteiligung ethnischer Bevölkerungsgruppen in Hinblick auf den Schutz vor Umweltbelastungen. Afroamerikanische Bevölkerungsgruppen prangerten Entscheidungen im Zusammenhang mit Umweltbelastungen als einen verdeckten Rassismus bei der NRDC[18] an (Parras, 2016). Als Geburtsort der Umweltgerechtigkeitsbewegung gilt bis heute Warren County[19] – eine Stadt mit ca. 31.000 Einwohnern, in der 60 % der Einwohner einer ethnischen Minderheit zugeordnet werden und 29 % unterhalb der Armutsgrenze leben. Demgegenüber standen ca. 60.000 t PCB[20] -haltiges Abbruch- und Erdmaterial auf einer ungeschützten Deponie. Der Öffentliche Druck infolge der Aktivitäten dieser Bürgerrechtsbewegung veranlasste den Rechnungshof der USA (GAO) (GAO = General Accounting Office) 1983 zu einer Studie über die sozial-räumliche Verteilung von Giftmülldeponien in den USA. Im Ergebnis dieser Studie wurde ersichtlich, dass drei Viertel dieser Deponien im Süden der USA in Kommunen errichtet wurden, in denen mehrheitlich afroamerikanische Bevölkerung lebt (Parras, 2016). 1987 veröffentlichte die Vereinigte Kirche Christi (UCC) die Ergebnisse einer wissenschaftlichen Untersuchung, mit der das erste Mal demographische Faktoren in Zusammenhang mit der Ansiedlung von Mülldeponien aufgezeigt wurden. Es konnte gezeigt werden, dass die ethnische Zugehörigkeit der Hauptprädikator für die Auswahl des Ortes für eine Giftmülldeponie war. Die Ergebnisse zeigten darüber hinaus, dass bei der Auswahl von den Mülldeponiestandorten der ethnische Aspekt noch vor den sozio-ökonomischen Aspekten, wie Armutsquote, Bodenwert und Eigentumsverhältnissen lag (UCC, 1987). Zunehmend gewann in den 1980er und 1990er Jahren auch die weiße Umweltgerechtigkeitsbewegung in den USA an Bedeutung. Mit der Institutionalisierung der Konferenz Conference on *Race and the Incidence of Environmtal Hazard* in 1990 an

---

[17] Zur Vertiefung wird auf Grafe Umweltgerechtigkeit – Wohnen und Energie (2020) verwiesen.

[18] NRDC: *Natural Resources Defense Council* – Umweltschutzorganisation mit Sitz in New York City.

[19] Warren County – Bezirk im US Bundesstaat Virginia.

[20] Polychrorinated Biphenylene (UPAC) – Umweltschadstoff mit Gesundheitsrelevanz.

der *University of Michigan School of Resources* und der Konferenz *First National People of Colour Envronmental Leadership Summit* 1991 in Washington DC wurden erstmalig Strategien und Handlungsweisen für einen Umweltgerechtigkeitsansatz formuliert (Parras, 2016). Auf der Konferenz in Washington DC stellte auch die weiße Bürgerrechtsbewegung, die gegen die Produktion jedweder giftigen Stoffe und Materialien sind, die Umweltkompartimente schädigen können, ihre Forderungen. Diese Gruppe wird auch als radikale umweltbezogene Gruppe (engl. *Radical Environmental Populism*) bezeichnet, die zunehmend öffentlich ausgetragenen Forderungen der Umweltgerechtigkeitsbewegung bewirkte. Im Ergebnis ihrer Aktivitäten wurde der Umweltgerechtigkeitsansatz in der Sozial-, Umwelt- und Gesundheitspolitik in den USA verankert. 1994 unterzeichnete der damalige Präsident der USA die diesbezügliche Order 12898 (EO2898[21]). Mit dieser Order waren alle betroffenen Bundesbehörden und Ministerien angewiesen, das Ziel Umweltgerechtigkeit als einen Maßstab ihres Handelns anzusetzen. Die unabhängige Bundesumweltbehörde der USA EPA (EPA = *Environmental Protection Agency*) integrierte in ihre eigene Organisationsform Akteure aus Politik, Wirtschaft, Wissenschaft und Gesellschaft. Damit verfolgte sie das Ziel, Umweltgerechtigkeit zu fördern und vor allem Umweltungerechtigkeit zu reduzieren bzw. zu vermeiden (Friedmann, 2017). Bemerkenswert ist in diesem Zusammenhang, dass die Beteiligung der indigenen Völker in den USA nicht explizit beschrieben wird. Es ist infolge dessen davon auszugehen, dass die Bewegung mehrheitlich von der schwarzen Bevölkerung initiiert und getragen wurde (vgl. Abb. 1.14).

1.2.2   Umweltgerechtigkeit auf europäischer Ebene *(Environmental Justice in Europa)*

Wo liegt die soziökonomische Brisanz in Punkto Gesundheitsbelastung durch Schadstoffe? Welche Rolle spielen Bodenkontaminationen mit Schadstoffen, die von Gesundheitsrelevanz sind? Wieviel Schadstoffe nehmen die Menschen in Ballungsgebieten auf und mit welchen Folgen? Welche Gesundheitsrelevanz haben Lärm- und Lichtemissionen? Welchen Einfluss hat das Stadtklima auf die Gesundheit der Menschen? Welche Dysbalancen sind von soziökonomischer Bedeutung?

Das Thema soziökonomisch bedingte Umwelt ist derzeit noch nicht in allen Ländern der europäischen Union oder Europas Forschungs- und Handlungsfeld. Derzeit können Publikationen oder Aktivitäten in Schweden, Frankreich, Ungarn, den Niederlanden, Schottland, Österreich und Deutschland verzeichnet werden. Aber auch in Spanien, den spanischen Inseln und Portugal gibt es vergleichbare Aktivitäten, die den Bemühungen

---

[21] EO = *Executive Order* 1994 (Freie Übersetzung: dtsch. Auszuführendes Regularium – entspricht einer Anordnung rsp. Verordnung).

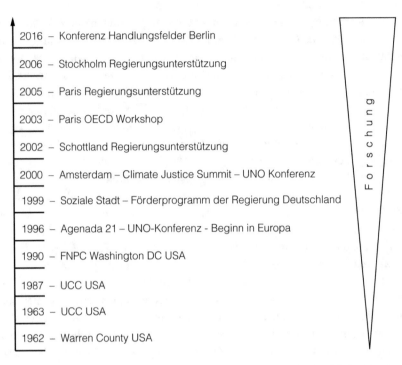

2016 – Konferenz Handlungsfelder Berlin

2006 – Stockholm Regierungsunterstützung

2005 – Paris Regierungsunterstützung

2003 – Paris OECD Workshop

2002 – Schottland Regierungsunterstützung

2000 – Amsterdam – Climate Justice Summit – UNO Konferenz

1999 – Soziale Stadt – Förderprogramm der Regierung Deutschland

1996 – Agenada 21 – UNO-Konferenz - Beginn in Europa

1990 – FNPC Washington DC USA

1987 – UCC USA

1963 – UCC USA

1962 – Warren County USA

Forschung

Abb. 1.14 Kalendarium der Umweltgerechtigkeitsbewegung – Stand 2019 (erweitert nach Maschewsky, 2009)

um Umweltgerechtigkeit entsprechen, sich aber nicht in einem Umweltgerechtigkeits-ansatz verorten lassen (Maschewsky, 2009). Während Umweltungerechtigkeit in den USA dem allgegenwärtigen Rassismus im Hinblick auf die schwarze und in geringem Maße auch auf indigene Bevölkerungsgruppen aus Südamerika vor allem geschuldet war und ist, liegt der Fokus der Umweltungerechtigkeit in den europäischen Ländern, auch in den Mitgliedsländern der Europäischen Staatengemeinschaft, allgemein auf sozialbenachteiligen Bevölkerungsgruppen. Oft gehören zu diesen Bevölkerungs-gruppen auch ethnische Minderheiten. Diese sozialbenachteiligten Bevölkerungsgruppen sind häufig von umweltbezogenen Mehrfachbelastungen, wie Schadstoffe in der Luft, Lärm, schlechtes Wohnumfeld, geringe Bildungsteilhaben, Einkommensschwäche und weiteren umwelt- und gesundheitsrelevante Faktoren betroffen. In diesem Zusammen-hang ist auch das Spannungsfeld von Gleichheit und Ungleichheit zu betrachten. Umweltbezogene Ungleichheit (EI) (EI = *Environmental Inequality*) wird besonders deutlich, wenn in Wohnquartieren die Sozialisation von Einkommensschwäche und Bildungsferne geprägt ist – ein bedeutender Aspekt für das Handlungsfeld Umwelt-gerechtigkeit. Umweltbezogene Ungleichheit spiegelt sich meist im gleichen Kontext in der Arbeitswelt einkommensschwacher Bevölkerungsgruppen wieder. Insofern ist die sozialräumliche Betrachtung der Arbeitswelt in diesem Zusammenhang unabdingbar.

Die ganzheitliche Betrachtung von Umweltungerechtigkeit bzw. Umweltgerechtigkeit impliziert auch die lokalen und globalen klimatisch induzierten Faktoren. Infolge der unterschiedlichen gesellschaftlichen Strukturen in den europäischen Ländern wurden auf Grund dessen unterschiedliche Umweltgerechtigkeitsansätze entwickelt, bzw. sind die Perspektiven darauf sehr unterschiedlich ausgeprägt. Das bedeutet, dass die jeweiligen Schnittstellen oder Perspektiven auf das Handlungsfeld Umweltgerechtigkeit ebenfalls unterschiedlich ausgeprägt sind. Eine Gleichheit der Herangehensweise besteht darin, dass in den genannten europäischen Ländern der Fokus auf den sozialräumlichen Strukturen von Städten und komplexen urbanen Strukturen und Ballungsgebieten liegt. Eine Aussage zu nicht aufgeführten Ländern kann derzeit nicht getroffen werden, wobei umfassende Studien mit belastbaren Ergebnissen wünschenswert sind.

Stand der Aktivitäten zum Thema Umweltgerechtigkeit bzw. umweltbezogener Ungleichheit in europäischen Ländern – Stand 1. Halbjahr 2019
Infolge der unterschiedlichen Herangehensweise der europäischen Länder an das Themenfeld Umwelt und Umweltgerechtigkeit ist es kaum möglich, einen adäquaten Vergleich zwischen den in den Ländern stattfindenden Aktivitäten zum Themenfeld zu ziehen. Vor allem deshalb, weil unterschiedliche Begriffe für ein und dieselben Aktivitäten im Gebrauch sind und dadurch, dass viele Aktivitäten von sehr unterschiedlichen Akteuren getragen werden. So kann es sein, dass in einigen Ländern kirchliche, in anderen gewerkschaftlich geprägte Institutionen oder auch private Instanzen, wie Stiftungen etc. den Prozess anführen. Man kann davon ausgehen, dass es ähnliche Ansätze oder Betrachtungsweisen zur Problematik Umwelt und Gerechtigkeit auch in anderen europäischen Ländern gibt, deren Publikation nicht recherchiert werden konnten und ggf. unter anderer Begrifflichkeit laufen. Über Umweltgerechtigkeitsansätze, die denjenigen in europäischen Ländern nahe kommen, sind weder aus Lateinamerika noch aus Asien derzeit bekannt. Es ist jedoch davon auszugehen, dass kleinräumige Aktivitäten durchaus vorhanden sein können. Die dazu durchgeführten Recherchen ergaben keine belastbaren Daten (Grafe, 2019). Um das Wagnis eines Vergleichs der Aktivitäten in den oben genannten europäischen Ländern nicht zu scheuen, wurden die von Maschewsky[22] vorgeschlagenen Kriterien genutzt, die nachfolgend aufgeführt sind:

- Verwendeter Begriff für Umweltgerechtigkeit,
- Perspektive auf das Problemfeld Umweltgerechtigkeit,
- Ereignisse und Aktivitäten im Rahmen von Umweltgerechtigkeit,
- Hauptansatzpunkte für Umweltgerechtigkeit,
- Länderspezifische Besonderheiten,
- Tragende Institutionen.

---

[22] Maschewsky, Werner: Prof. em. für Sozialmedizin Universität Bielefeld, Schwerpunkt Umweltgerechtigkeit – eigene website – www.maschewsky.de.

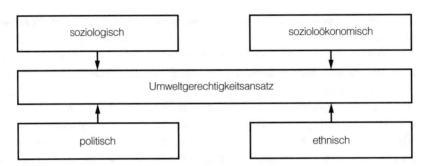

Abb. 1.15 Perspektiven auf das Themenfeld Umweltgerechtigkeit und dessen Schnittstellen

Verwendeter Begriff

Die meisten europäischen Länder verwenden den englischen Begriff *Environmental Justice* (EJ) für Umweltgerechtigkeit. Die Verwendung des Begriffs variiert zwischen *Environmental Injustice* (EIJ) und *Envirornmental Inequality* (EI). Im Zusammenhang mit Umweltgerechtigkeit wird auch der Begriff der Nachhaltigkeit (engl. *sustinability* oder frz. *durabilité*) verwendet. Häufig wird auch der Begriff Public Health verwendet. Er weicht infolge der unterschiedlichen Sprachen häufig von der wörtlichen Übersetzung ab. So wird z. B. *Public Health* in Deutschland als öffentliche Gesundheitsvorsorge bezeichnet, in den Niederlanden als Volksgesundheit und in manchen Ländern mit Gesundheitsgerechtigkeit interpretiert. Der Fokus für Umweltgerechtigkeit liegt aber in allen Ländern fast ausschließlich auf den sozioökonomischen Bedingungen von Bevölkerungsgruppen und deren gesundheitlichen Belastungen infolge von Umwelteinflüssen. Dabei spielt auch die umweltbezogene Gerechtigkeit in den Arbeits(um)welten eine Rolle (Bolte, 2008). In einigen Ländern wird im Kontext von Umweltgerechtigkeit explizit auf ethnische Minderheiten, die in prekären sozioökonomischen Verhältnissen leben, eingegangen (RKI, 2008).

Perspektiven auf das Themenfeld

Die Perspektiven auf das Themenfeld Umweltgerechtigkeit sind in den europäischen Ländern in aller Regel juristisch, ökonomisch und politisch geprägt. Bemerkenswert ist in diesem Zusammenhang, dass die schottische Regierung den Umweltgerechtigkeitsansatz neben der politischen Unterstützung, indem sie Umweltgerechtigkeit als Regierungsziel erklärte, auch monetär unterstützt hat. Während in Schottland der Fokus auf einer breiten öffentlichen Informationsplattform für Umweltgerechtigkeit lag, die sowohl Gemeinden, Universitäten, und Schulen umfasste, wurde in anderen Ländern ein eher akademischer Diskurs geführt (Maschewsky, 2009) (vgl. Abb. 1.15).

Umweltbewegung – Aktivitäten –Akteure

Im Zeitfenster von 2000 bis 2008 gab es eine Reihe von Aktivitäten zum Themenfeld Umweltgerechtigkeit. Der größte Teil dieser Aktivitäten erfolgte im Rahmen von internationalen Konferenzen, Workshops und Seminaren, die entweder an den Universitäten oder internationalen Instituten organisiert wurden. Bürgerinitiativen oder Akteure aus den Umweltbewegungen der Länder waren eher nicht beteiligt. Kleinere, wenn auch nicht weniger wichtigere, Aktivitäten in Frankreich, Belgien, Österreich, Norwegen, Deutschland und Großbritannien widmeten sich dem Thema Sozialisation und Integration mithilfe sogenannter interkultureller Gärten (Eisele, 2019). Das Thema interkulturelle Gärten und Gesundheit stand auch mit der weltweiten Bewegung Agenda21[23] in Zusammenhang (UNO-Konferenz, 1996). In Österreich, der Schweiz und in Deutschland entstanden eine breite Bürgerbewegung und Nicht-Regierungsorganisationen (NGO) (NGO = *Non Government Organization*), die sich den Themenbereichen Umwelt und Ressourcenschutz, nachhaltiges Wirtschaften, Armutsbekämpfung und umweltbezogenem Gesundheitsschutz widmeten. In diesem Rahmen wurden auch die sogenannten interkulturellen Gärten ins Leben gerufen. In Berlin entstand z. B. neben anderen internationalen Gärten 2004 ein interkultureller Garten im Zusammenhang mit der Betreuung von Folteropfern – das Zentrum für Folteropfer – derzeit nach Umbenennung: ‚Zentrum Überleben‘ mit Sitz in Berlin Mitte, Stadtteil Moabit. Die dort betreuten Menschen gehören unterschiedlichen Ethnien an. Mit der therapeutisch geführten Gartenarbeit wurde eine psychische und physische Stabilisierung der Betroffenen erreicht (Zentrum Überleben, 2019).

„Aus der Idee, ihnen eine sinnvolle, tagesstrukturierende und auch körperliche Tätigkeit anzubieten, ist unser Gartenprojekt ‚Interkultureller Heilgarten‘ entstanden. Die Männer und Frauen machen Erfahrungen mit Erde, Pflanzen und Wachstum in Verbindung mit einer aktiven, Sinn gebenden und zum Teil selbst versorgenden Tätigkeit als wichtige Ressource im Therapieprozess. Ein großer Teil der Patientinnen und Patienten fühlt sich dadurch auch in einer gesundheitlich besseren Verfassung. Sie tauschen zudem Kenntnisse über eigene, kulturspezifische gärtnerische Erfahrungen aus. Dadurch gelingt es ihnen zugleich auch auf den Wert und kreativen Reichtum ihrer Herkunftskultur zurückzugreifen. Sie erleben sich selbst mit einem wieder erstarkenden Selbstverständnis und der kreativen Kompetenz einer Persönlichkeit, die in diesem Kulturkreis groß geworden ist". (Zentrum Überleben, 2019

Allein in Berlin arbeiten aktuell (Stand 2020) elf internationale Gärten in verschiedenen Stadtteilen, wobei die Ziel- und Nutzergruppen von unterschiedlicher sozialer Zusammensetzung sind. Aber auch in anderen Ländern Europas ist eine Vielzahl internationaler Gärten mit jeweils unterschiedlicher sozialer und ethnischer Zusammensetzung entstanden (Eisele, 2019).

Publikationen/Studien

Die Umweltgerechtigkeitsbewegung kann auch anhand des Umfangs an Forschungsaufgaben belegt werden. Ein Umstand, der sich deutlich in der Anzahl und der Art der

---

[23] Agenda 21 ist ein Aktionsprogramm der Vereinten Nationen, das 172 Staaten auf der Konferenz für Umwelt und Entwicklung der Vereinten Nationen (UNCED) in Rio de Janeiro 1992 beschlossen wurde.

Publikationen zur sozialräumlich dominierenden Ungerechtigkeit abbildet (Maschewsky, 2004). In den meisten Fällen geht es dabei um Umweltgerechtigkeit im Themenfeld Wohnen und Energie, d. h. den Zusammenhang von Energiegerechtigkeit und Wohnen (WDM, 2014). In Frankreich wird z. B. die Energiearmut (frz. *pauvreté énergétique*) eine Form der Umweltgerechtigkeit über das Gesetz der des Rechtes auf auskömmliche Energie (frz. *droit à l' énergie*) geregelt (Dubois, 2012)[24]. Schottland kann aufgrund der starken Unterstützung durch die Regierung und die Umweltbehörde SEPA (SEPA = *Scottisch Environment Agency*) eine größere Anzahl an Studien zum Stand der umweltbezogenen sozialräumlichen Belastungen und ausgewählten Handlungsfeldern vorweisen. Österreich begann 2016 mit der Befassung des Themas (Wukovitsch, 2016). In 2017 hat die österreichische Arbeiterkammer eine Studie mit dem Ziel einer sach- und fachgerechten Auseinandersetzung mit dem Themenfeld Umweltungleichheit *(Environmental Inequality)* in Auftrag gegeben. Die Studie umfasst vor allen Dingen den Stand der Umweltgerechtigkeit in den europäischen Ländern und stellt den Bezug zum Stand des Diskurses in Österreich her (Schutter, 2017). Im Rahmen eines durchgeführten Mikrozensus wurde in 2019 eine umfassende Studie über Umweltgerechtigkeit, Umweltbewusstsein im sozioökonomischen Kontext in den Ländern der Europäischen Union für das Europäische Parlament erarbeitet. In dieser umfangreichen Studie werden u. a. auch Bemühungen um Umweltgerechtigkeit in Belgien benannt (Baud, 2019). Im Rahmen eines Risiko-Dialogs wurde Umweltgerechtigkeit auf einem Symposium in 2016 in Wien thematisiert. An diesem Dialog nahm auch die Schweiz teil. In Schweden wurde eine große epidemiologische Studie zum Gesundheitszustand der Bevölkerung in Malmö durchgeführt, die auch Umweltgerechtigkeitsaspekte aufweist (vgl. Tab. 1.1). Für die Länder der Europäischen Union wird mithilfe des Europäischen-Energie-Armuts-Index (EEPI) der Zusammenhang von Haushaltsarmut und Energienutzung resp. Energiearmut ermittelt[25],[26].

Hauptansatzpunkte für Umweltgerechtigkeit
In allen Ländern, gleich ob unter der Begrifflichkeit Umweltgerechtigkeit oder anderen Begriffen agiert wird, liegt der Schwerpunkt auf der sozialräumlichen Betrachtung von Auswirkungen und Einwirkungen auf die Umwelt. Die Auswirkungen des Sozialraumes auf die Umwelt, aber auch die Auswirkung der Umwelteinflüsse auf den Sozialraum der Betroffenen und damit auf deren Gesundheitsbelastungen machen das Hauptmerkmal der Betrachtung aus. Hauptansatzpunkte liefern dazu Schottland, Frankreich, die Niederlande und Deutschland, wobei die jeweiligen Handlungsfelder in den Ländern unterschiedlich ausgeprägt sind. Mit 2019 wurde das Projekt *„Atlas of Environmental*

---

[24] Zur Vertiefung wird auf Grafe Umweltgerechtigkeit – Wohnen und Energie (2020) verwiesen.

[25] Zur Vertiefung wird auf Grafe Umweltgerechtigkeit – Wohnen und Energie (2020) hingewiesen.

[26] Zur Vertiefung wird auf Grafe Umweltgerechtigkeit: Aktualität und Zukunftsvision (2020) verwiesen.

Tab. 1.1 Tragende Institutionen für Umweltgerechtigkeit – ein Überblick Stand 2022 (erweitert nach Maschewsky, 2009)

Land	Universität/Institut	Regierung/Institutionen
Deutschland	Universität Bielefeld Technische Universität Berlin Humboldt Universität	Bundesumweltamt (UBA) Deutsches Institut für Urbanistik (DIfU)Bundesbauministerium (BBM) Senat des Landes Berlin
Frankreich	Universität Paris-Nanterre (2005; 2008)	Urbanistik Institut Paris (2005) Ministerium für Ökologie und nach-haltige Entwicklung (MEDD)
Niederlande		Reichsinstitut für Volksgesundheit und Milieu (RIVM)
Ungarn	Personengetragene Aktion (USA und Großbrittanien	EU-Finanzierung
Schottland	Friends of the Earth Scotland (FoES)	Scottish Government Scottish Executive (2002–2007) Scottish Environmental Protection Agency (SEPA)
Schweden	Universität Stockholm (2006) Universität Lund (2006)	Stockholmer Milieuzentrum (SMC)
Zentrale Ereignisse		Europäisches Sozialforum (2008) in Stockholm Climate Justice Summit (2000) Amsterdamm 6. UNO-Klimakonferenz OECD Workshop (2003) Paris Europäische Union (EU) UNO OECD

Justice" (dtsch. Umweltatlas) von der Europäischen Union gestartet. Es handelt sich dabei um eine Datenbank, die Forschungen zur vergleichenden, statistischen politischen Ökologie unterstützt. Sie ist ein Instrument, das die vielen Bewegungen zur Umweltgerechtigkeit auf der ganzen Welt unterstützen kann und darüber hinaus ein umfangreiches Informationstool darstellt. Der EJ-Atlas wurde ursprünglich vom EU-finanziertem Projekt EJOLT[27] entwickelt und enthält aktuell bereits über 3400

---

[27] EJOLT: *Environmental Justice Organizations, Liabilities and Trade* – Forschungsprojekt der Europäischen Union.

fachbezogene Einträge. Die interaktive Karte kann nach Land, Unternehmen und Rohstoff durchsucht werden und zeigt die verschiedenen Konflikte zur Umweltgerechtigkeit auf der Welt an. Auf der Grundlage einer Vielzahl von Analysen mittels der EJ-Atlas-Datenbank sind bereits von Projektforschenden mehrere wissenschaftliche Arbeiten veröffentlicht worden. Diese decken verschiedene Aspekte der Bewegungen zur Umweltgerechtigkeit in Indien, Südostasien, China, Afrika, Europa sowie Nord- und Südamerika ab. Dazu gehören auch Arbeiten zu Konflikten um Wasserkraft, um Windmühlen, um fossile Kraftstoffe, globale Widerstandsbewegungen zur Umwelt sowie der Ermordung indigener Personen und um die Rolle von Frauen im Umweltaktivismus (EU, 2019).

Tragende Institutionen Stand 2022
Tragende Institutionen sind vor allem Universitäten und wissenschaftliche Institutionen der Länder. Es gibt aber auch eine Vielzahl von länderübergreifenden Aktivitäten. In der Tab. 2.1 ist eine Übersicht der tragenden Institutionen ersichtlich.

Länderspezifische Besonderheiten
Während die umweltgerechte Betrachtungsweise in Frankreich insbesondere auf die sozialräumlichen Verhältnisse, in denen einkommensschwache arabische Migranten leben, gerichtet ist, befasst man sich in Ungarn mit der ethnischen Minderheit der Roma. In diesem Zusammenhang ist zu bemerken, dass der Diskurs um Umweltgerechtigkeit in Ungarn maßgeblich von US-amerikanischen und britischen Bürgerrechtlern initiiert und konzeptionell unterstützt wurde. Finanziell wurden die Aktionen von der Europäischen Union unterstützt (Maschewsky, 2009). Eine Reflexion aus der angestammten Bevölkerung oder Regierungsorganisationen ist nicht bekannt. Während die Besonderheit des schwedischen Ansatzes auf dem Umgang mit deprivierten Wohnquartieren liegt, ist der klimabedingte Anstieg des Meeresspiegels in den Niederlanden von zentraler Bedeutung. Diese unterschiedlichen Fokussierungen sind den länderspezifischen Herausforderungen geschuldet und erschweren demzufolge auch eine einheitliche Strategie.

1.2.3 Umweltgerechtigkeit in der Bundesrepublik Deutschland (Environmental Justice in Germany)

Fachtagungen zum Thema Umweltgerechtigkeit widmeten sich mit Beginn der 2000erJahre dem Thema Umwelt und Gerechtigkeit, indem ein Expertenaustausch aus den Bereichen Umweltwissenschaften mit Geographie, Meteorologie, Umweltchemie, Umweltphysik und Geologie, mit Vertretern aus den Sozial- und Rechtswissenschaften in einen fachinhaltlichen Austausch traten, der noch immer anhält (Bunge, 2012). Im Ergebnis dieser Austausche wurden Handlungsfelder für Forschung, Politik und deren praktische Umsetzung abgeleitet. Es war erforderlich, gängige umweltrelevante Begriffe zu vereinheitlichen bzw. zu definieren, um eine bessere Eindeutigkeit von Daten und Ergebnissen zu erreichen Hornberg (2011). Insbesondere wurde der Aspekt

der menschlichen Gesundheit in den Umweltbegriff und damit in die Umweltgerechtigkeit implementiert. Empirische Befunde, die mit Hilfe von Langzeitstudien Surveys bzw.
Monitoring wie KiGGS[28], MoMo[29], Bella[30], GeRS[31] und EsKiMo[32] ermittelt wurden,
belegen Zusammenhänge von Einflüssen aus der Umwelt auf die Gesundheit, den
Zusammenhang von sozialräumlichen Faktoren und Umweltbelastungen und von sozialräumlichen Gegebenheiten und Gesundheit der Betroffenen. Mitte der 1990er Jahre
wurde der Zusammenhang von umweltbezogenen Beeinflussungen auf die menschliche Gesundheit deutlich. Man erkannte zwar schon früher, dass insbesondere von der
Industrie Schadstoffe abgegeben wurden, die eine Beeinträchtigung der Fauna und Flora
mit sich brachten, aber der Mensch als der Betroffene wurde eher nicht in den Fokus
der Betrachtung gestellt. Vor allem Gewässerverschmutzungen infolge von Industrie-
abwässern und deren Einleitung in Flüsse und Meere und das damit verbundene Fisch-
sterben oder Luftverunreinigung und Waldsterben wurden heftig diskutiert. Es entstand
in dieser Zeit auch eine bürgergetragene Umweltbewegung. Im wissenschaftlichen und
vor allem im Bereich der Humanmedizin – Teildisziplin Umweltmedizin – entwickelte
sich eine Betrachtung der Zusammenhänge von Umweltverschmutzung und auftretenden
Krankheitsphänomen. Seit 1996 wird Umweltmedizin an Universitäten als eine Zusatz-
qualifikation für Ärzte angeboten. Es stellte sich relativ schnell heraus, dass es einen
Bedarf an umweltmedizinischer Betreuung gab. Vor diesem Hintergrund beschäftigten
sich unterschiedliche wissenschaftliche Einrichtungen mit dem Zusammenhang von
Umweltbeeinflussung und deren gesundheitsrelevanten Wirkungen. Die Forschung zu
diesem Themenfeld war überwiegend in den medizinischen Fakultäten verortet. Deutlich
wurde auch, dass es einen Zusammenhang geben musste zwischen Umweltbelastungen
und auftretenden Gesundheitsbelastungen. Eine intensive sozialraumorientierte
Forschung von Gesundheitsschäden begann mit dem Ende der 1990er Jahre. Ein
umfassendes Kalendarium über wissenschaftliche Aktivitäten und Publikationen wurde
von (Schlünz, 2007) veröffentlicht. 2008 wurde von einer Arbeitsgruppe, bestehend
aus Wissenschaftlern der Universität Bielefeld, Fakultät Gesundheitswissenschaften,
des Bundesumweltministeriums (BMU) und des Bundesumweltamtes (UBA) ein
sogenanntes Grundsatzpapier zur Umweltgerechtigkeit in Deutschland vorgestellt. Fachtagungen, interdisziplinären Symposien und Workshops ermöglichten damit den wissenschaftlichen Diskurs zum Thema Umweltgerechtigkeit im sozialräumlichen Kontext.
Seither gibt es eine Vielzahl von fundierten Forschungsergebnissen auf diesem Gebiet.

---

[28] Studie zur Kinder und Jugendgesundheit in Deutschland RKI (Robert Koch Institut).

[29] Studie zur motorischen Leistungsfähigkeit und körperlich-sportlichen Aktivität von Kindern und
Jugendlichen (Universität Karlsruhe).

[30] Studie zur psychischen Gesundheit RKI.

[31] Studie zur Kindergesundheit in Deutschland, ehem. KUS, Umweltbundesamt.

[32] Studie zur Ernährungssituation von 6- bis 17-Jährigen (Universität Paderborn und zeitversetzt
RKI.

Inspiriert wurde der Prozess von der in den USA bereits aktiv agierenden Umwelt-gerechtigkeitsbewegung und deren Environmental-Justice-Ansatz. Da der Umwelt-gerechtigkeitsansatz in den USA sich weitgehend auf spezifische rassistische Elemente bezieht, wurde jedoch relativ schnell klar, dass der in den USA verfolgte Ansatz nicht mit den Herausforderungen in Deutschland kongruent sein kann. Für Deutschland wurde deshalb die Beschreibung des Umweltgerechtigkeitsansatzes mit Umwelt, Gesundheit und soziale Lage im Sinne der Public-Health-Ausrichtung gewählt (Hornberg, 2011). Infolge der Einbeziehung von Städten und Kommunen und den jeweiligen politischen Akteure in den Prozess der Erarbeitung von Erkenntnissen über sozialraumbezogene Gesundheitsbeeinträchtigungen entstand so ein interdisziplinäres Forschungsprojekt. In den Jahren von 2011 bis 2019 konnte der Prozess verstetigt und im Ergebnis praxistaug-liche Maßnahmen erarbeitet werden, die dem Ansatz Umweltgerechtigkeit im Sinne von Umwelt, Gesundheit und soziale Lage gerecht werden. Derzeit wird in verschiedenen deutschen Städten und Gemeinden an der Umsetzung des Umweltgerechtigkeitsansatzes gearbeitet, wobei die meisten Aktivitäten noch Projektcharakter tragen (SenStadt, 2016).

Literatur

Albers, G. (1996). Stadtplanung – Eine praxisorientierte Einführung. Primus Darmstadt.
Babisch, W. (2012). Lärm. In Umwelt und Gesundheit 05 (Hrsg.), Umweltbundesamt. https://www.umweltbundesamt.de/publikationen/kinder-umwelt-survey-200306-laerm.   Zugegriffen: 31. Aug. 2019.
Baud, S., & Wegscheider-Pichler, A. (2019). Umweltgerechtigkeit, Sozioökonomische Unter-schiede bei von Umwelteinflüssen Betroffenen und im Umweltverhalten – Mikrozensus Umwelt und EU_SILC – Statistical Matchin, Kammer für Arbeiter und Angestellte für Wien, Eigendruckerei Wien, ISBN:978-3-7063-0768-0. https://www.arbeiterkammer.at/interessen-vertretung/umweltundverkehr/umwelt/klimawasserluft/Informationen_zur_Umweltpolitik_Nr_198.pdf. Zugegriffen: 23. Aug. 2019.
Bolte, G., & Kohlhuber, M. (2008). Abschlussbericht zum UFOPLAN_Vorhaben „Untersuchungen zur ökologischen Gerechtigkeit: Explorative Vorbereitungsstudie" Teilprojekt: Entwicklung einer Strategie zur vertieften Auswertung des Zusammenhangs zwischen sozioökonomischen Faktoren und korporaler Schadstoffbelastung. Oberschleißheim.
Bunge, Ch. (Hrsg.). (2012), Die soziale Dimension von Umwelt und Gesundheit. In Umwelt-gerechtigkeit. Mielck, A. Hans Huber Verlag Bern.
Bolte, G., Bunge, Ch., Hornberg, C., & Köckler, H. (Hrsg.) (2012). Mielck, A. WHO-Beiträge zum Buch: Umweltgerechtigkeit – Chancengleichheit bei Umwelt und Gesundheit: Konzepte und Handlungsperspektiven.
Bunge, C., & Katzschner, A. (2009). Umwelt, Gesundheit und soziale Lage: Studien zur sozialen Ungleichheit gesundheitsrelevanter Umweltbelastungen in Deutschland. In Umwelt & Gesund-heit 02 (Hrsg.), Umweltbundesamt.
Corbin, A. (1987). Pesthauch und Blütenduft. Wagenbach Berlin
Dubois, U. (2012). From targeting to implementation: The role of identification of fuel poor households. *Energy Policy, 49*, 107–115. https://doi.org/10.1016/jenpol.2011,11(0),pp.87
Eisele, J. (2019). Mehrwert Kleingärten –Umweltgerechtigkeit schaffen. In Bindestrich 67 (Hrsg.), *Office International du Coin de Terre et des Jardins Familiauxassociation sans but lucratif.*

http://www.jardins-familiaux.org/pdf/Archiv_hyphen/Bindestrich_67_de.pdf. Zugegriffen: 23. Aug. 2019.

EU [Europäische Commission]. (2019). Globale Umweltgerechtigkeit, Online: https://ec.europa. eu/research-and-innovation/de/projects/success-stories/all/unterstuetzung-der-globalen-bewegung-fuer-umweltgerechtigkeit. Zugegriffen: 19. Aug. 2022.

Flasbart, J. (2011). Vorwort II. Themenfeld Umweltgerechtigkeit. In UMID 02 011 (Hrsg.), Bundesamt für Strahlenschutz, Bundesamt für Risikobewertung, Robert Koch Institut, Umweltbundesamt.

Friedmann, R. (2017). *No Environment Justice, No peace* NRDC. https://www.nrdc.org/stories/no-environmental-justice-no-peace. Zugegriffen: 24. Aug. 2019.

Grafe, R. (2018). Umweltwissenschaften für Umweltinformatiker, Umweltingenieure und Stadtplaner. Springer Heidelberg ISBN 978-3-662-57746-2, ISBN 978-3-662-57747-9 (eBook) https://doi.org/10.10007/978-3-662-57747-9.

Grafe, R. (2019). Umweltgerechtigkeitsaktivitäten in Lateinamerika und Asien – unveröffentlichte Recherche.

Grafe, R. (2020a). Umweltgerechtigkeit – Energie und Wohnen. ISBN 978-3-658-30592-5, ISBN 978-3-658-30593-2 (eBook), ISSN 2197-6708 (essentials), ISSN 2197-6716 (electronic), https://doi.org/10.1007/978-3-658-30593-2.

Grafe, R. (2020b). Umweltgerechtigkeit: Arbeit, Sozialisation, Teilhabe und Gesundheit, ISBN 978-3-658-33748-3, ISBN 978-3-658-33749-0 (eBook), ISSN 2197-6708 (essentials) ISSN 2197-6716 electronic), https://doi.org/10.1007/978-3-658-33749-0.

Hradil, St. (2016). Soziale Ungleichheit, soziale Schichtung und Mobilität. In H. Korte & B. Schäfers (Hrsg.), *Einführung in Hauptbegriffe der Soziologie. Einführungskurs Soziologie.* Springer VS. https://doi.org/10.1007/978-3-658-13411-2_11, ISBN 978-3-658-13410-5; ISBN 978-3-658-13411-2.

Hornberg, C., Bunge, Ch., & Pauli, A. (2011). Strategien für mehr Umweltgerechtigkeit und Handlungsfelder für Forschung, Politik und Praxis. (Hrsg.), Universität Bielefeld, Fakultät für Gesundheitswissenschaften ISBN 978-3-933066-46-6.

Kosatzky, T. (2005). The 2003 European heat waves. *Euro Surveillance, 10*(7), 552. https://www. eurosurveillance.org/content/10.2807/esm.10.07.00552-en. Zugegriffen: 24. Aug. 2019.

Krywanek, O. (2004). Die Entstehung der Berliner Abwasserkanalisation. https://www.fu-berlin. de/presse/publikationen/fundiert/archiv/2004_02/040_krzywanek/index.html. Zugegriffen 13. Aug. 2019.

Maschewsky, W. (2004). Umweltgerechtigkeit – Gesundheitsrelevanz und empirische Erfassung. (Discussion Papers/Wissenschaftszentrum Berlin für Sozialforschung, Forschungsschwerpunkt Bildung, Arbeit und Lebenschancen,Forschungsgruppe Public Health, 2004-301). Wissenschaftszentrum Berlin für Sozialforschung gGmbH. https://nbn-resolving.org/urn:nbn:de:0168-ssoar-117840. Zugegriffen:19. Aug. 2022.

Maschewsky, W. (2009). Umwelt- und gesundheitspolitische Ansätze für Umweltgerechtigkeit in den europäischen Nachbarländern. https://www.uni-bielefeld.de/gesundhw/ag7/umweltgerechtigkeit/pl1_maschewsky.pdf. Zugegriffen: 14. Aug. 2019.

Mitscherlich, A. (1965). Die Unwirtlichkeit unserer Städte. Suhrkamp.

Parras, B. (2016). One Texas Man's Refinery Fight: Environmental Justice. NRDC. https://www. nrdc.org/stories/environmental-justice-one-texas-mans-refinery-fight. Zugegriffen: 24. Aug. 2019.

RKI [Robert Koch Institut] Autorenkollektiv. (2008). Schwerpunktbericht der Gesundheitsberichterstattung des Bundes – Migration und Gesundheit. Robert Koch-Institut ISBN 978-3-89606-184-3.

Robine, J. M., Cheung, S. L., Le Roy, S., Oyen, van H., & Herrmann, F. R. (2007). Report on excess mortality in Europe during summer 2003. (EU Community Action Programme for Public Health, Grant Agreement 2005114). Health & Consumer Protection Directorate General. https://ec.europa.eu/health/ph_projects/2005/action1/docs/action1_2005_a2_15_en.pdf. Zugegriffen: 10. Aug. 2019.

Schlicht, W. (2017). *Urban Health*. Springer Fachmedien, ISSN 2197-6708, ISSN 2197-6716 (electronic), ISBN 978-3-658-18653-1, ISBN 978-3-658-18654-8 eBook, https://doi.org/10.1007/978-3-658-18654-8.

Schipperges, M., Holzhauer, B., & Schollet, G. (2018), Umweltbewusstsein und Umweltverhalten. (Hrsg.), Umweltbundesamt. https://www.umweltbundesamt.de/tags/umweltverhalten. Zugegriffen: 18. Aug. 2019.

Sieber, R. (2017). Gesundheitsfördernde Stadtentwicklung. Dissertation, TU Darmstadt. https://eldorado.tu-dortmund.de/bitstream/2003/36776/1/Dissertation_Sieber.pdf. Zugegriffen: 15. März 2020.

Schlünz, J. (2007). Umweltbezogene Gerechtigkeit in Deutschland. In Aus Politik und Zeitgeschichte (APuZ) 24/2007. http://www.bpb.de/apuz/30437/umweltbezogene-gerechtigkeit-in-deutschland?p=all. Zugegriffen: 01. September 2019.

Schutter, L., Wieland, H., Gözet, B., & Giljum, S. (2017). Evironmental Inequality in Europe – Towards an einvironmental justice framework for Austria in an EU Context. In Informationen für Umweltpolitik, 194 (Hrsg.), Kammer für Arbeiter und Angestellte für Wien, Wien ISBN 978-3-7063-0705-5,

SenStadt [Senatsverwaltung für Stadtentwicklung und Umweltschutz]. (2016). Umweltgerechtigkeit im Land Berlin; Arbeits- und Entscheidungsgrundlagen für sozialräumliche Umweltpolitik. (Hrsg.), Senatsverwaltung für Stadtentwicklung und Umwelt und Amt für Statistik (AfS)Berlin Brandenburg.

SenStadt[Senat von Berlin: Berliner Forsten Landesforstamt Berlin] Rieselfeldergeschichte, Online: https://www.berlin.de/forsten/walderlebnis/hobrechtswald/rieselfeldgeschichte/. Zugegriffen: 09. Juni 2022.

UCC [United Church of Christ's]. (1987). Studie über Radikalismus in Bezug auf Umweltgerechtigkeit. [Commission for Radical Justice; Study for Radical Environmental Justice] S. 15 ff.

Umweltrat [Sachverständigen Rat Umwelt]. (1978). Beschreibung des Begriffs Umwelt. (Hrsg.), Umweltrat. https://www.umweltrat.de/SharedDocs/Downloads/DE/01_Umweltgutachten/1974_1994/1978_Umweltgutachten.html. Zugegriffen: 04. Aug. 2019.

WDM [World Development Movement]. (2014). *Towards and Just Energy System. The struggle to Energy Injustice, Compaign Briefing*. In Weis, L. et al. (2015). Energiedemokratie – Grundlagen und Perspektiven einer kritischen Energieforschung (Hrsg.), Rosa-Luxemburg-Stiftung, V. i. s.P. Martin Beck ISSN 2994-2242.

Wukovitsch, F. (2016). *Umwelt und Ungleichheit*. In Zeitschrift für Wirtschaft & Umwelt Nr. 3 (Hrsg.), Bundesarbeitskammer Wien und Österreichischer Gewerkschaftsbund, ISSN (Blog) 2519-5492ISSN (Print) 0003-7656 ISSN (Online) 1605-. https://awblog.at/umwelt-und-ungleichheit/. Zugegriffen 24. Aug. 2019.

Zentrum Überleben Berlin. (2019). Schwerpunkt-Gartentherapie – website. https://www.ueberleben.org/unsere-arbeit/schwerpunkte/gartentherapie/. Zugegriffen: 31. Aug. 2019.

Weiteführende Literatur

Baud, S., & Wegscheider-Pichler, A. (2019). Umweltgerechtigkeit, Sozioökonomische Unterschiede bei von Umwelteinflüssen Betroffenen und im Umweltverhalten – Mikrozensus Umwelt und EU_SILC – Statistical Matchin, Kammer für Arbeiter und Angestellte für Wien, Eigendruckerei Wien, ISBN:978-3-7063-0768-0. https://www.arbeiterkammer.at/interessenvertretung/umweltundverkehr/umwelt/klimawasserluft/Informationen_zur_Umweltpolitik_Nr_198.pdf. Zugegriffen: 23 Aug. 2019.

Bolte, G., Bunge, Ch., Hornberg, C., & Köckler, H. (Hrsg.). (2012). Mielck, A. WHO-Beiträge zum Buch: Umweltgerechtigkeit – Chancengleichheit bei Umwelt und Gesundheit: Konzepte und Handlungsperspektiven.

Eisele, J. (2019). Mehrwert Kleingärten –Umweltgerechtigkeit schaffen. In Bindestrich 67 (Hrsg.), Office International du Coin de Terre et des Jardins Familiauxassociation sans but lucratif. http://www.jardins-familiaux.org/pdf/Archiv_hyphen/Bindestrich_67_de.pdf. Zugegriffen 23 Aug. 2019.

Maschewsky, W. (2009). Umwelt- und gesundheitspolitische Ansätze für Umweltgerechtigkeit in den europäischen Nachbarländern. https://www.uni-bielefeld.de/gesundhw/ag7/umweltgerechtigkeit/pl1_maschewsky.pdf. Zugegriffen: 14. Aug. 2019.

RKI [Robert Koch Institut]. (Hrsg.). (2008). Beiträge zur Gesundheitsberichterstattung des Bundes, Kinder- und Jugendgesundheitssurvey (KiGGS) 2003–2006: Kinder und Jugendliche mit Migrationshintergrund in Deutschland. Gesundheitsberichterstattung, ISBN 978-3-89606-186-7.

Schutter, L., Wieland, H., Gözet, B., & Giljum, S. (2017). Environmental Inequality in Europe – Towards an einvironmental justice framework for Austria in an EU Context. In Informationen für Umweltpolitik, 194 (Hrsg.), Kammer für Arbeiter und Angestellte für Wien, Wien ISBN 978-3-7063-0705-5.

Wukovitsch, F. (2016). Umwelt und Ungleichheit. In Zeitschrift für Wirtschaft & Umwelt Nr. 3 (Hrsg.), *Bundesarbeitskammer Wien und Österreichischer Gewerkschaftsbund*, ISSN (Blog) 2519-5492ISSN (Print) 0003-7656 ISSN (Online) 1605- .https://awblog.at/umwelt-und-ungleichheit/. Zugegriffen 24. Aug. 2019.

Zadoff, M. (2003). Rezension zu. In M. Matheus (Hrsg.), *Badeorte und Bäderreisen in Antike, Mittelalter und Neuzeit*. Stuttgart 2001: ISBN 3-515-07727-8 (kart.), In: H-Soz-Kult, 03.04.2003, www.hsozkult.de/publicationreview/id/reb-3208. Zugegriffen: 19. Aug. 2022.

Das Konzept ‚Sozialer Raum' und der ganzheitliche Umweltbegriff

2

Umwelt, Wohnumwelt, biologisch-ökologische Umwelt, Wohnumfeld, Arbeits(um)welt, Lern(um)welt, Sozialer Raum, Raum und Chancengleichheit, Gesundheitschancen, Bildungschancen, Zugangsgerechtigkeit, Zukunftsfähigkeit, Sozialisation, formale Sozialisation, institutionelle Sozialisation, kulturelles Kapital.

Umwelt, Umweltgerechtigkeit und Umweltgerechtigkeitsansatz

„Der ganzheitliche Umweltgerechtigkeitsansatz umfasst sowohl sozialräumliche Gegebenheiten von Wohn und Wohnumfeld als auch sozioökonomische Belange der Menschen, die sich aus deren Sozialisation ableiten". (Grafe, 2020a)[1]

Mit der Entstehung der Umweltgerechtigkeitsbewegung in den USA haben sich weltweit Aktivitäten zum Schutz der natürlichen Ressourcen zur Vermeidung von gesundheitlichen Belastungen der Menschen etabliert. Der Zusammenhang von Sozioökonomie, Soziologie und Arbeitssoziologie. Gesundheit und Chancengleichheit wurde sehr deutlich. Mit der Erweiterung des Begriffs ‚Umwelt' um die Sozialisationsräume, d. h. um Wohnraum, Wohnumfeld, Arbeits(um)welt inkl. Bildungs- und Ausbildungsräume wird dem Umweltgerechtigkeits- und damit dem Gesundheitsgerechtigkeitsansatz entsprochen (vgl. Abb. 2.1).

Umweltliche Räume und das Konzept ‚Sozialer Raum'

Die Zuordnung von Räumen, in denen Sozialisation erfolgt, werden unter dem Aspekt des ganzheitlichen Umweltgerechtigkeitsansatzes als das Geflecht aller Räume, in denen Menschen wohnen, arbeiten, lernen, sich erholen oder arbeiten definiert. Das entspricht

---

[1] Zur Vertiefung wird auf Grafe Umweltgerechtigkeit: Wissens- und Bildungserwerb, Teilhabe und Arbeit (2020) verwiesen.

R. Grafe, *Umwelt- und Klimagerechtigkeit*, https://doi.org/10.1007/978-3-658-39688-6_2

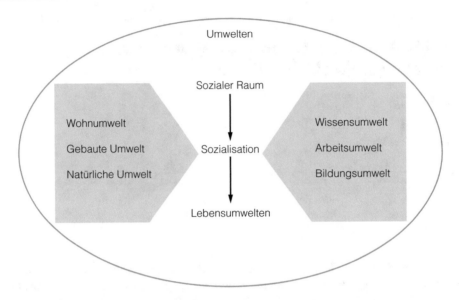

Abb. 2.1 Umweltgerechtigkeitsansatz: Sozialräumlicher Bezug des ganzheitlichen Umwelt-begriffs

dem Konzept ‚Der Soziale Raum‘ nach Bourdieu[2]. Allein bei der Betrachtung der Wohn-umwelt der Menschen wird deutlich, wie diese soziökonomisch mit soziologischen Faktoren, wie Bildung, Kultur etc. vergesellschaftet ist. Insbesondere in Städten und Ballungsgebieten ist deutlich ablesbar, wie Quartiere und Siedlungen eine spezifische soziökonomische Homogenität ihrer Bewohner aufweisen[3]. Dies bildet sich sowohl in der Wohnqualität – der Ausstattung der Wohnung – als auch in der Bausubstanz der Wohnbauten ab. Häufig korreliert schlechte Bausubstanz mit gesundheitlicher Belastung der Bewohner (Bornehag, 2001).

▶   Wohnen und Wohnumfeld sind soziökonomisch dominiert. Die sozialraumbezogene Betrachtung von Gesundheitsbeeinträchtigungen umfasst Faktoren wie Einkommens-schwäche, Raumreduktion, Teilhabeverluste und ethnische Faktoren.

Im Zusammenhang muss auch Energiegerechtigkeit und Wohnen betrachtet werden, dies insbesondere unter dem Gesichtspunkt der aktuellen Situation auf dem Energiemarkt. Soziökonomie und Energiegerechtigkeit sind der Schlüssel für Umwelt(un)gerechtig-keit in Form von Energiearmut. Das spiegelt sich vor allem im Bedarf an haushalts-

---

[2] Definition des Konzepts ‚Sozialer Raum‘ von Pierre Felix Bourdieu (1930–2002): Soziologe und Philosoph an der École Pratique des Hautes Études en Sciences Sociales Marseille.

[3] Zur Vertiefung wird auf Grafe Umweltgerechtigkeit – Wohnen und Energie (2020) verwiesen.

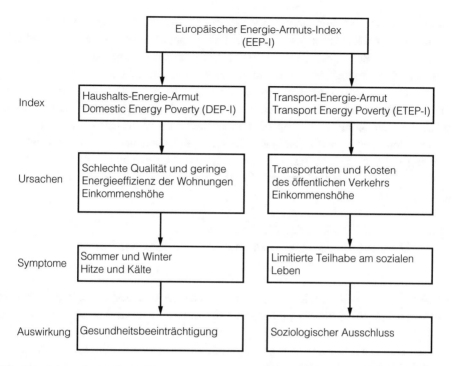

Abb. 2.2 Schematische Darstellung des Bewertungsprinzips des EEP-I (vereinfacht nach EU 2019)

bezogener Energie wider. Der Europäischer Energie-Armuts-Index (EEP-I) zeigt die Zusammenhänge deutlich auf (vgl. Abb. 2.2).

Energiearmut gepaart mit schlechter Bausubstanz ist in ganz Europa und mit einiger Sicherheit auch außerhalb Europas ein Problem, das nicht nur zusätzliche vermeidbare Krankheitskosten sondern auch Armut generiert[4].

Bis zu 80 Mio. Menschen leben in feuchten und schlecht gedämmten Wohnungen. Der Anteil der Energiekosten am Gesamteinkommen ist bei einkommensschwachen Haushalten zwangsläufig höher als bei Einkommensstarken. Eine OECD[5] Studie, die in 20 verschiedenen Ländern 2017 durchgeführt wurde zeigt, dass ein großer Teil der Bürger sich elektrischen Strom, Heizöl und Erdgas nicht auskömmlich leisten können (Flues & Dender, 2017).

---

[4] Ebd.

[5] OEOCD: *Organization for Economic C0-operation and Development.*

Vor dem Hintergrund einer ständig wachsenden Bevölkerung, werden auch die Energiebedarfe und der Bedarf nach Wohnraum steigen. Infolge dessen werden auch zunehmend
die natürlichen Ressourcen Wasser, Boden und für die Versorgung mit Energie neue
Energiequellen benötigt. Von immanenter Bedeutung werden in diesem Zusammenhang
der urbane Lebensraum und hier insbesondere die Städte und Ballungsgebiete sein, die
derzeit bereits infolge von großflächiger Bodenversieglung und enormer Wärmeemission
maßgeblich zur Klimaerwärmung beitragen. Zusätzlich kann festgestellt werden, dass
die mit dem stetigen Bevölkerungswachstum einhergehende demographische Entwicklung gepaart mit dem Trend zur Verstädterung zwangsläufig zu Defiziten an Freiräumen in Städten, wie Parkanalgen, Grünflächen und weiteren, zu deren Übernutzung
führen[6].

2.1   Umwelt als sozialer und sozioökonomischer Raum

Worin liegt die Bedeutung des ganzheitlichen Ansatzes des Begriffs der Umwelt?
Welche Bedeutung hat die Erweiterung des Begriffs um das Konzept des ‚Sozialen
Raums'? In welchem Zusammenhang stehen Sozioökonomie und Soziologie? Welche
Schnittmengen ergeben sich aus Umweltpolitik, Sozialpolitik und Gesundheits-
politik infolge von Umwelteinflüssen? Welche gesundheitsrelevanten Beeinflussungen
generieren unterschiedliche umweltliche Räume?

Jeder ‚Soziale Raum' hat eine eigens geprägte Umwelt, die ihn formt, der an seiner
Sozialisation einen hohen Anteil hat. Die Zuordnung von Räumen, in denen Menschen
leben, lernen, arbeiten, wohnen, sich erholen und in Interaktion treten. Diese Räume
bieten Kommunikation, Erkenntnisse, neue Befähigungen sowie den Erwerb von
Empathie: Sie sind vor allem Erfahrungsräume. Der Begriff des ‚Sozialen Raums'
wurde von *Bourdieu* geprägt und von Christopher J. Jenks[7] und Jean-Cloud Passeron[8]
aufgegriffen und erweitert. In einer umfassenden Studie über Chancengleichheit in
den USA haben Jenks und in Frankreich Bourdieu und Passeron zur Illusion der
Chancengleichheit in ihrem Buch „Les héritiers" (dtsch. Die Erben) gezeigt, dass die
Schule zwar ein sozialer Raum im Sinne Bourdieus ist, aber die soziale Herkunft der
Kinder nicht kompensieren kann. Die Verfasser haben das enge Zusammenwirken von

---

[6] Zur Vertiefung wird auf Grafe Umweltgerechtigkeit – Wohnen und Energie (2020) verwiesen.

[7] Christopher Joseph Jenks (Universität South Dakota) Bildungswissenschaftler – Multikulturalis-
mus, kritische Rassentheorie, Postkolonialismus, Neoliberalismus.

[8] Jean-Claude Passeron (1930): Soziologe und Philosoph (*École Pratique des Hautes Études en
Sciences Sociales Marseille*).

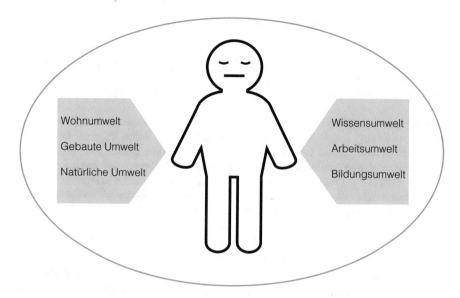

Abb. 2.3 Die umweltlichen Räume des Menschen als ‚Sozialer Raum'

unterschiedlichen ‚Sozialen Räumen', wie den der Familie, der Schule, der Arbeitsstelle oder der kulturellen Verwurzelung aufgezeigt (vgl. Abb. 2.3).

Das Konzept ist im Kontext von Umweltgerechtigkeit bzw. Umwelt(un)gerechtigkeit direkt anzuwenden. Mit der Umweltgerechtigkeitsbewegung, wenn diese auch in unterschiedlichen Ländern auf der umweltbezogenen Gerechtigkeit fokussiert war, erweiterte sich der Blickwinkel auf soziologische und sozioökonomische Themenfelder in Forschung und Politik. Der Zusammenhang von Umweltgerechtigkeit mit sozialräumlichen und damit vergesellschafteten soziökonomischen Gegebenheiten wurde in vielfältiger Weise deutlich[9].

> „Umweltgerechtigkeit lässt sich soziologisch als Sammelbegriff für vielfältige Forschungen an unterschiedlichen sozialräumlichen Gegebenheiten in Ländern und Kommunen definieren". (Geringfügig verändert nach Groß, 2011)

Untersuchungen zu soziologischen Parametern in ausgewählten Stadtquartieren haben ergeben, dass es einen Zusammenhang von gesundheitsrelevanten Umwelteinflüssen, wie Straßenverkehrslärm, Schadstoffbelastung der Luft, defizitärer Frei- und Erholungsraum, das Angebot von geringem bzw. keinem Grünanteil sowie stadtklimatischer Situationen von Gesundheitsrelevanz mit der sozioökonomischen Situation der Bewohner gibt[10].

---

[9] Zur Vertiefung wird auf Grafe Umweltgerechtigkeit – Wohnen und Energie (2020) verwiesen.

[10] Zur Vertiefung wird auf Grafe Umwelt- und Klimagerechtigkeit – Gesundheit und Wohlbefinden (2021) verwiesen.

2.1.1 Umwelt und Sozialisation

Welchen Einfluss hat die Umwelt auf die Sozialisation der Menschen? Welchen Einfluss hat die Arbeitsumwelt auf die Sozialisation der Menschen? Welche Rolle spielen dabei die kulturellen Wurzeln und das jeweilige kulturelle Umfeld?

„Der Mensch als Mitglied einer Gesellschaft muss sein Handeln steuern und damit im Prozess seiner Sozialisation soziale Normen, Verhaltensstandards und Rollen erlernen. Er muss im jeweiligen sozialen Kontext handlungsfähig und verhaltenssicher werden oder sein. Darüber hinaus muss er sich soziokulturelle Kompetenzen aneignen, die ihm ermöglichen, gesellschaftsfähig zu sein. Als Sozialisationsinstanzen gelten dafür die Familie, Kindergärten, Schulen, weiterführende schulische Einrichtungen und Bildungsinstitute, religiöse Administrationen, wie Kirchen, Sportvereine und Kulturgruppen und weitere Instanzen". (Maier, 2018)

In diesem Prozess der Sozialisation unterscheidet man in primäre und in sekundäre Sozialisation. Während die primäre Sozialisation in der frühen kindlichen Entwicklungsphase durch kognitive und emotionale Inhalte in der Familie geprägt wird, besteht die sekundäre aus Vermittlung und Lernen darüber hinaus gehender Rollen und Normative (Maier, 2018). Eine nicht zu unterschätzende Rolle spielt dabei die Arbeitswelt, sodass auch der Arbeitsplatz als ein Ort der sekundären Sozialisation angesehen werden muss. Beide Entwicklungsphasen überschneiden sich in unterschiedlichen Lebensabschnitten.

▶   Sozialisation ist der Prozess der Einordnung des heranwachsenden Individuums in die Gesellschaft und die damit verbundene Übernahme gesellschaftlich bedingter Verhaltensweisen durch das Individuum. Dabei kann es sich um ein erwachsenes oder um ein heranwachsendes Individuum handeln.

In modernen Gesellschaften wird eine zunehmende Singularisierung in der Gesellschaft beobachtet. Dazu trägt, neben den demographisch bedingten Faktoren, maßgeblich die Arbeitswelt bei. Die durch Arbeit provozierte Mobilität der Menschen unterstützt diesen Prozess. Lange Arbeitswege, häufige Ortswechsel, temporäre Aufenthaltsorte infolge von Arbeit sind die hauptsächlichen Gründe dafür. Zunehmend entsteht auch eine Einschränkung von sozialer Diversität, weil die sozialen Kontakte immer flüchtiger werden. Das insbesondere dann, wenn die Arbeitswelt ein hohes Aufkommen an Mobilität fordert (Schlicht, 2017). Häufig wird Flexibilität erwartet, aber es wird Mobilität verlangt. Die von der Arbeitswelt generierten Arbeitsnomaden erfahren zusätzlich Kulturverlust und Ausgrenzung.

Vor dem Hintergrund der in der Gesellschaft ablaufenden Sozialisierungsprozesse ist es dringend erforderlich, frühzeitig und zwar bereits während der primären Sozialisierungsphase dem Kompetenzfeld Umwelt mit Umweltschutz und Umweltbewusstsein ein entsprechend breites Feld einzuräumen. Das bedeutet insbesondere die Sicherstellung von Bildungsteilhabe. Nur so wird es möglich sein, Teilhabe (Partizipation) von Menschen an Verfahrensprozessen zu eröffnen und individuelle Verantwortlichkeit für Tun und Lassen zu vermitteln.

Da die erste Phase der Sozialisation im Kindesalter abläuft, sind Bildungs- und Erziehungsinhalte im Kontext mit Umweltbewusstsein zu vermitteln. Instrumente, die in der frühkindlichen Pädagogik dafür zur Verfügung stehen, sind zu nutzen und auszubauen. Als ein geeignetes Instrument in diesem Zusammenhang haben sich z. B. die Schulgärten erwiesen, insbesondere in Städten und Ballungsgebieten. Der Erhalt und die Pflege von Schulgärten sind pädagogisch wirksame Aktionen, weil neben Bildungsinhalten auch soziale Kompetenzen vermittelt bzw. erfahrbar werden. Auch vor dem Hintergrund, dass in städtischen Bereichen ein großer Teil der Wohnbevölkerung keinen oder nur einen sehr eingeschränkten Zugang zur Natur und damit an Naturerlebnissen hat. Schulgärten, aber auch Kleingärten sind sowohl in kleineren Kommunen als auch in Großstädten von großer Bedeutung für die kindliche Sozialisation, da sie sowohl Bildungsgerechtigkeit als auch Teilhabegerechtigkeit ermöglichen, gleichzeitig Wissen und soziale Kompetenz vermitteln. Das Bildungs- und Erziehungspotential von Schulgärten im Rahmen des umweltpädagogischen Ansatzes in der primären Phase der Sozialisation ist seit Jahren unumstritten. Besonders Kinder aus sozialökonomisch schwachen Familien können eine neue naturnahe Erfahrungswelt kennen und lieben lernen. Gleichzeitig wird eine Wertschätzung für das Leben überhaupt und Verantwortung für das eigene Tun erlebbar (Giest, 2010). Im Umkehrschluss kann dazu gesagt werden, dass durch Bildungsteilhabe Bausteine für einen Gerechtigkeitsanspruch gelegt werden. Die gemeinsame Arbeit mit Kindern aus unterschiedlichen sozialen Schichten und Lebenswelten in Schulgärten fördert neben der Sozialkompetenz der Kinder zusätzlich den Zugang zu neuen Erfahrungswelten. Insbesondere für Kinder, die in Großstädten fernab von der Natur und häufig auch in Kleinfamilien aufwachsen, sind Räume zu schaffen, die Sozialkompetenz erfahrbar machen.

> „Das gemeinsame Lernen, Arbeiten, das gemeinsame Naturerfahren und Naturerleben von Kindern und Erwachsenen bietet eine wertvolle Chance für die Naturerziehung, die für alle Beteiligten Sinn macht und Nutzen bringt. Naturerziehung ist nicht nur eine Aufgabe, die Erwachsene mit Blick auf die Erziehung der heranwachsenden Generation wahrnehmen sollen, sondern im generationsübergreifenden Miteinander kommt auch den Kindern eine wichtige Erziehungsfunktion mit Blick auf die Erwachsenen zu. Für dieses Miteinander braucht man geeignete Räume, in denen es entfaltet und tief empfunden und erlebt werden kann. Der Schulgarten ist ein solcher Raum". (Giest, 2010)

Erwerb von Sozialkompetenz ist ein wichtiger Baustein für das soziale Verhalten des Einzelnen in der Gesellschaft. Ein Ausflug in die Natur am Wochenende oder eine Urlaubsreise kann das nicht kompensieren. Die zweite Sozialisierungsphase umfasst die weiterführende Schulausbildung inkl. der Berufsausbildung. Der ständige Aneignungsprozess von Kompetenzen erfolgt in der Auseinandersetzung mit schulischen und beruflichen Anforderungen. Das umfasst auch die Weiterbildung in betrieblichen Einrichtungen des Berufsbildungssystems sowie während der Erwerbstätigkeit in allen beruflichen Bereichen und Verantwortungsebenen. Auch hier gilt es, Umweltbewusstsein und Verhalten im jeweiligen Kontext der Bildungsebene zu vermitteln. Nur so entstehen neue Zusammenhänge bei der Entwicklung der persönlichen Identität im Spannungsfeld gesellschaftlicher Anforderungen und des jeweiligen individuellen Entfaltungsanspruchs.

„Sozialisation umfasst alle Aspekte einer Personalisation, d. h. des Mündigwerden in der jeweiligen Gesellschaft. Sie schafft Qualifikation, die gleichzeitig Handlungsfähigkeiten zur Erfüllung beruflicher und gesellschaftlicher Anforderungen einschließt". (Maier, 2018)

Das zivilgesellschaftliche Engagement, eine Komponente der Sozialkompetenz, wird in den einzelnen Sozialisierungsphasen erworben. In diesem Zusammenhang entstehen darüber hinaus gruppenspezifische Aggregations- bzw. Segregationsprozesse. In vielen Gesellschaften umfasst die Sozialisation auch die Integration von Zuwanderern. Ein Prozess, der nicht immer leicht, und schon gar nicht schnell verläuft, da die primären und häufig auch die sekundären Sozialisierungsprozesse in anderweitigen kulturellen Kontexten der Herkunftsländer abgelaufen sind. Für diese Menschen steht sozusagen eine dritte Phase der Sozialisation an. Die Anfänge sind schwer. Das betrifft nicht nur Flüchtlinge und Studierende, das betrifft auch Arbeitsmigranten. In der Zwischenzeit hat sich insbesondere für Flüchtlinge eine Reihe von Aktivitäten mit hohem Integrationspotenzial entwickelt. Ein Beispiel dafür sind die interkulturellen Gärten.

Praxisbeispiel: Interkulturelle Gärten – eine Erfolgsgeschichte für Integration und Sozialisation

Mit Beginn der 1990er Jahre kam eine Vielzahl von Menschen, die aus ihren Herkunftsländern vor Krieg und Gewalt geflohen waren. Einige von ihnen waren traumatisiert, viele von ihnen entwurzelt. Es entstand die Idee, Brachflächen für Gärten zur Verfügung zu stellen, ums sie urbar zu machen und gärtnerisch zu nutzen. Das wurde ein Erfolgskonzept. Es wurde gegraben, gehackt, gesät und geerntet. Häufig arbeiteten in einem Garten zehn und mehr Menschen, die aus unterschiedlichen Ländern mit unterschiedlichen Ethnien stammten. Die Arbeit im Garten half Sprachbarrieren und ethnische Berührungsängste zu überwinden.

„Durch die Zusammenarbeit von Projektmitgliedern aus verschiedenen Kulturkreisen in den Gemeinschaftsgärten wird interkulturelle Kompetenz, Akzeptanz und Toleranz gefördert", schreibt der Initiator der Interkulturellen Gärten in einem unveröffentlichten Tätigkeitsbericht". (Tassew Shimeles)[11]

Interkulturelle Gärten und interkulturelle Schulgärten ermöglichen durch Teilhabe Sozialisation. Die gemeinsame Arbeit von Menschen unterschiedlicher Ethnien und unterschiedlicher Sozialisation in Kleingärten ist eine Form der erfolgreichen Integration und der sozialethischen Gleichberechtigung – sozusagen eine sozialethische Gerechtigkeit (Wolf, 2002). Sehr gute Erfahrungen haben Länder wie Frankreich, Belgien, Großbritannien, Norwegen, Italien aber auch Deutschland damit gemacht (Eisele, 2019). ◄

---

[11] Tassew Shimeles war es, der als Erster in Göttingen ein Konzept für einen interkulturellen Garten entwickelte und umsetzte, welches Nachahmer und Mitstreiter in Deutschland fand.

„Der Garten als Ort des Umgrabens, des Wachsens, des Blühens, des Früchte-Tragens und Sterbens bietet für die vielfach entwurzelten Projektmitglieder eine lebendige Möglichkeit, ihr Schicksal zu verarbeiten und sich mit ihrer neuen natürlichen und sozialen Umwelt zu identifizieren". (Wolf, 2002)

Das unterstützt die Aussage:

„Wenn Sozialisation Teilhabegerechtigkeit impliziert, dann ist ein Meilenstein für eine Integration in eine noch fremde Kultur gegeben". (Stangl, 2019)

Der Raum, in dem Menschen wirken, spiegelt den Garten als Umwelt wider. Es ist der Raum, mit dem sie sich identifizieren.

Umwelt und Arbeit(um)swelt *(Work-related Environment)*
Betrachtet man den Ort der Arbeit als einen Raum (engl. *work-related environment*), ist dieser die soziale Umwelt am Arbeitsplatz. Das bedeutet gleichzeitig, dass der soziologische Umweltbegriff auch in der Arbeitswelt eine Rolle spielt. Dieser Ansatz macht deutlich, dass Arbeitsplätze als eine kleinräumige Umwelt betrachtet werden müssen.

▶   Der Soziale Raum ‚Arbeitsplatz' entspricht somit dem Begriff der soziologischen Umwelt im Kontext mit der Arbeit der Menschen. Da die Sozialstrukturen in der Arbeitswelt durch die jeweiligen Tätigkeiten der Menschen vorstrukturiert sind, kommen auch sozioökonomische Komponenten zum Tragen. Die jeweilige Sozialstruktur ergibt sich also aus dem Tätigkeitsprofil der Akteure im jeweiligen sozialen Raum.

Die Sozialstruktur des Arbeitsplatzes bzw. der Arbeits(um)welt wird weitgehend von den jeweiligen Tätigkeitsfeldern bestimmt. Diese sind dadurch gekennzeichnet, dass eine beliebige Anzahl von Arbeitnehmern an verschiedenen Arbeitsplätzen tätig ist. Die Gesamtheit aller Arbeitsplätze oder Orte müssen als Sozialraum betrachtet werden. Auch in diesem Zusammenhang gilt die Raum-Wirkungs-Beziehung. So wie die Umwelt auf einen Arbeitsplatz Auswirkungen hat, hat auch der Soziale Raum ‚Arbeitsplatz' Wirkungen auf die Menschen. In den modernen Gesellschaften sind die meisten Menschen über den sozialen Raum ‚Wirtschaft und Arbeit' sozialisiert. Insofern gehören auch die Arbeitswelt und die Art der ausgeführten Tätigkeiten mit zur Umwelt – *work environment* – der Arbeitsumwelt. Dabei kann es sich um soziale Räume im Sinne von Bourdieu in Form von einzelnen Arbeitsplätzen, Betriebstätten, Unternehmen, Bildungsstätten oder Institutionen handeln.

Umwelt und Wohnen – die gebaute Umwelt *(Built Environment)*
Während Arbeitsplätze in einem Unternehmen oder einer Institution als kleinräumige soziale Räume gelten, werden Wohnquartiere, Siedlungs- und Stadtquartiere als großräumige soziale Räume betrachtet. Raum im Sinne von sozialräumlicher Struktur

in Siedlungs- und Stadtquartieren bedeutet nichts Statisches, sondern eine von verschiedenen, durch gesellschaftliche Entscheidungen und Entwicklungen bedingte Ausprägung. Dazu gehören z. B. räumliche Entwicklungen spezifischer Form, wie reine Wohnbebauungen, Mischgebiete mit Gewerbe und Wohnbebauung, Industriegebiete mit Industriebauten, Flurzuordnungen und Verkehrsinfrastrukturen, Grünanlagen und Grünzüge und weiteres.

Großräumige soziale Räume wurden in der Vergangenheit vor allem unter dem Aspekt ihrer baulichen Struktur betrachtet. Die Sozialisation ihrer Bewohner spielte bei der Betrachtung eine eher untergeordnete Rolle (Mitscherlich, 1965). Mit der Erweiterung des Begriffes Umwelt um soziale Räume (engl. *social-related environment*), gewinnt auch das Wirkungsspektrum von Umweltfaktoren eine neue Dimension. Mit dem ganzheitlichen Ansatz für den Begriff Umwelt, der die sozialräumliche Situation beinhaltet, wird deutlich, welcher Bedeutung der Begriff Umwelt im Geflecht der Lebensfunktionen im materiellen und im immateriellen Sinne zukommt (vgl. Abb. 2.4).

Für den jeweiligen Sozialen Raum spielt die Sozialstruktur seiner Bewohner eine entscheidende Rolle, da die Sozialstruktur ihrerseits die jeweils vorherrschende Gesellschaftsgruppierung und deren Schichtung wiederspiegelt.

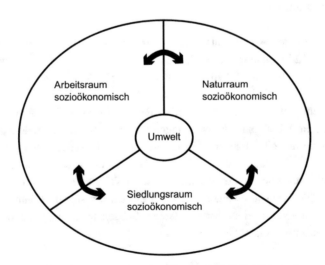

Abb. 2.4 Schnittmengendarstellung von Lebens(um)welt, Arbeits(um)welt und natürlicher bioökologischer Umwelt

▶   Eine sozialräumliche Struktur basiert auf der sozialräumlichen Gliederung bzw. einer sozialräumlichen Organisation. Sie stellt sich als eine Überlagerung von Sozialstruktur und Raum dar.

Ein besonderes Interesse gebührt dabei der Beschreibung der sozialräumlichen Struktur dem sogenannten bebauten Raum, der häufig auch gebaute Umwelt genannt wird (engl. *built environment*).

▶   Eine Sozialstruktur ergibt sich aus der Anordnung oder der Schichtung ihrer Mitglieder – der sozialen Zusammensetzung.

Eine Sozialstruktur stellt somit die Verteilung der sozial vorstrukturierten Bewohner in einem räumlich vorstrukturierten Wohnungsbestand dar. Beide, vorstrukturierte Bebauung und vorstrukturierte Gesellschaftsschicht, sind ein Produkt sozioökonomischer Prozesse. Von Bedeutung ist dabei die räumliche Nähe bzw. der Verlust dieser Nähe zwischen Angehörigen verschiedener sozialer Gesellschaftsschichten. Die sozialräumliche Struktur kann sowohl Ausgrenzung als auch soziale Inklusion provozieren. Dieser Zusammenhang ist insbesondere infolge demographischer Entwicklungen in einem sozialen Raum von Bedeutung. Am Beispiel der demographischen Entwicklung für einen spezifischen sozialen Raum kann gezeigt werden, dass neben Vereinsamung infolge von Kontaktverlust oder auch Altersarmut und die damit verbundenen Teilhabedefizite von großer Bedeutung sind – nicht zuletzt im Hinblick auf die physische und psychische Gesundheit der Betroffenen (Klagge, 2004; Schnorr, 2011). Auch der Zusammenhang von Geschlecht und Raum ist von sich ändernden demographischen Verhältnissen geprägt. Das wird immer dann deutlich, wenn z. B. infolge der unterschiedlichen Sterberaten von Männern und Frauen Wohnquartiere mit einer geschlechterdefinierten Altersstruktur entstehen. Auch hier kommt die Raum-Wirkungs-Beziehung zum Tragen. Soziale Räume entfalten Raumwirksamkeiten, die sich sowohl in ihrem näheren als auch im weiteren Umfeld zeigen. Das spiegelt sich vor allen Dingen in der Mobilität und der generationenübergreifenden Kommunikation wieder. Aber auch die Bedürfnisse an spezifische Gesundheitsversorgung zeigen sich in diesem Prozess deutlich[12] (vgl. Abb. 2.5).

Soziale Räume wirken aber nicht nur intrinsisch, sondern sie wirken auch nach außen – extrinsisch. So hat ein sozialräumlicher Bereich mit hoher Attraktivität in einem städtischen Gebiet z. B. auch Auswirkung auf das städtische Umfeld und umgekehrt. Je nach Art seiner Attraktivität kann er zu einer Veränderung der Mitglieder der sozialräumlichen Struktur infolge Zuzug (Aggregation) oder Wegzug (Segregation) führen[13].

---

[12] Zur Vertiefung wird auf Grafe Umweltgerechtigkeit: Arbeit, Sozialisation, Teilhabe und Gesundheit (2020) verwiesen.

[13] Ebd.

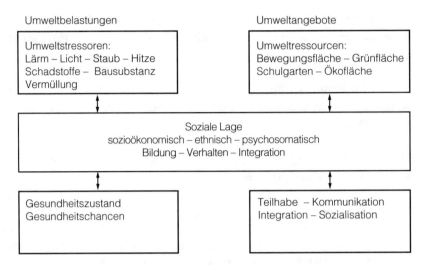

Abb. 2.5 Darstellung der Raumwirkungsbeziehung im sozialräumlichen Kontext

Die Veränderungen von gesellschaftlichen Strukturen entstehen häufig auch infolge eine Nutzungsänderung des Raums (Albers, 1996). Dazu gehören Neubaugebiete, Umnutzung von Wohnraum, luxuriöse Sanierungsmaßnahmen, der Verlust von Grün- und Erholungsflächen infolge von Bebauung aber auch Infrastrukturveränderungen.

2.1.2   Umwelt und Sozioökonomie

Was versteht man unter sozioökonomischen Räumen? Welcher Zusammenhang besteht zwischen einem sozialen und sozioökonomischen Raum? Welche Bedingungen stehen für das Wirken der Menschen in einem sozioökonomischen Raum?

Der überwiegende Teil der Menschen ist nach wie vor über die Arbeitsumwelt sozialisiert. Die Arbeits(um)welt umfasst derzeit nach wie vor den größten zeitlichen Lebensabschnitt der Menschen, auch derer, die über kurze oder längere Zeiträume ohne Erwerbsarbeit sind. Der Anteil der Sozialisierung infolge der Arbeitsumwelt war und ist es noch immer relativ groß, was vor allem der Funktionalität der arbeitenden Menschen geschuldet ist.

Nach Bourdieu sind alle Räume, in denen Menschen sich aufhalten, lernen, arbeiten sich weiterbilden, sich reproduzieren und ihrer eigene Kultur leben ‚Soziale Räume'. Somit entsprechen alle umweltlichen Räume dem Konzept des ‚Sozialen Raum'. Die meisten dieser Räume sind sozioökonomisch geprägt. So ist sowohl die Familie als soziökonomischer Raum zu betrachten, weil dort die antizipatorische Sozialisation erfolgt. Es folgen in der Regel Schule, Ausbildung und ggf. Studium, d. h. die institutionelle formale Sozialisation. Dazu kommt in unterschiedlicher Ausprägung die non-formale Sozialisation über Vereine, Religionszugehörigkeit und zunehmend über Medien, die als informelle Sozialisation bezeichnet wird.

Der Sozialisationsprozess ist somit von einer Vielzahl von Möglichkeiten der Teilhabe oder Nichtteilnahme, aber auch von gesellschaftlichen Veränderungen abhängig. Zu den sozioökonomischen Räumen zählt vor allem die Arbeitswelt.

▶   Die Vergesellschaftung von sozialen und ökonomischen Bedingungen charakterisieren die jeweilig zutreffenden sozioökonomischen Räume.

Das Einkommen über Erwerbstätigkeit manifestiert aktuell die sozioökonomischen Verhältnisse derer, die in Arbeit stehen oder in prekären Arbeitsverhältnissen stehen. Der Zusammenhang von Arbeits(um)welt und wirft jedoch zunehmend Fragen nach Umweltgerechtigkeit in Bezug auf Gesundheitsbelastungen herkömmlicher Art auf. Dabei geht es nicht nur um Arbeitsbelastung durch Schadstoffe und Ausstattung des Arbeitsplatzes, sondern vor allem um Arbeitsanforderungen und Sozialisierung am Arbeitsplatz[14]. Mobilitäts- und Flexibilisationsansprüche vonseiten des Arbeitgebers kommen noch dazu (vgl. Abb. 2.6).

Die Kombination von Mobilitätsansprüchen und der Anspruch des Arbeitgebers für ein lebenslanges Lernen erhöht den psychischen Druck auf Arbeitnehmer, was nicht nur ein demographisches Problem ist.

Sozioökonomie und Sozialisierung in der neuen Arbeits- und Wissenserwerbswelt
Vor dem Hintergrund der wirtschaftlichen und gesellschaftlichen Entwicklung der 20er Jahre des einundzwanzigsten Jahrhundert hat sich gezeigt, dass es einen engen Zusammenhang von Sozioökonomie und Sozialisierung in der Arbeitswelt gibt.

„Demnach wirken soziale Ungleichheiten schon in früher Kindheit entweder begünstigend oder nichtbegünstigend auf die ökonomischen Lebenschancen von Individuen aus. Wobei diese Einwirkungen sich selbstverständlich auf den weiteren Lebenslauf auswirken". (Geringfügig verändert nach Dewilde, 2003)

Die enge Verknüpfung der frühen antizipatorischen Sozialisation in der Familie mit der Phase der des Arbeitslebens und der Ausbildung ggf. eines Studiums entscheidet

---

[14]Zur Vertiefung wird auf Grafe: Umweltgerechtigkeit: Arbeit, Sozialisation, Teilhabe und Gesundheit (2021) verwiesen.

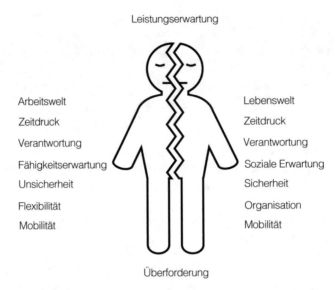

Leistungserwartung

Arbeitswelt	Lebenswelt
Zeitdruck	Zeitdruck
Verantwortung	Verantwortung
Fähigkeitserwartung	Soziale Erwartung
Unsicherheit	Sicherheit
Flexibilität	Organisation
Mobilität	Mobilität

Überforderung

Abb. 2.6 Gesundheitsbeeinflussung und Überforderung der kognitiven Fähigkeiten in der modernen Arbeitswelt – Schnittstellendarstellung

maßgeblich über Armut oder Nichtarmut[15]. In der Abb. 2.7 sind die Wirkungsfelder für soziale und damit für sozioökonomische Verarmung aufgezeigt.

Mit einem ständig ansteigendem Niedriglohnsektor mit diversen prekären Beschäftigungs- und Entlohnungsverhältnissen, die häufig auch auf Migrationsprozesse zurückzuführen sind, entstehen zunehmend neue Vektoren für sozialprekäre Entwicklungsprozesse, was insbesondere dem ständig Ansteigen des Bevölkerungswachstums geschuldet ist. Aber auch Flucht vor kriegerischen Auseinandersetzungen und aus wirtschaftlicher Not tragen dazu bei[16].

2.2   Umwelt und Klima – Umweltzerstörung und Klimastörung

Wie hängen Umwelt und Klima zusammen? Welcher Zusammenhang besteht zwischen Klimawandel und Umweltzerstörung? Ist Klimastörung gleich Umweltzerstörung oder umgekehrt? Welche Folgen sind im Verzug von Klimawandel an Umweltstörungen resp. Umweltzerstörung zu erwarten?

---

[15] Ebd.

[16] Ebd.

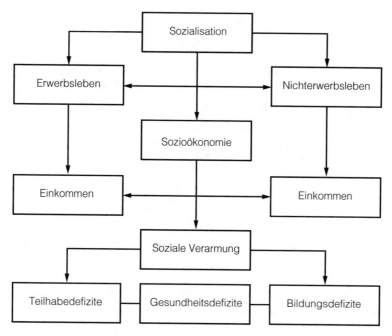

Abb. 2.7 Wirkungsfeld der sozioökonomischen Verarmung

Umweltzerstörung und Klimastörung, auch Klimawandel genannt, sind derzeit in aller Munde. Die komplexen Prozesse, die den Klimawandel verursachen und ihn vorantreiben sind vielschichtig. Die Auswirkungen des Klimawandels sind dies ebenfalls.

> „Die Klimakrise ist kein reines Umweltproblem. Sie bedroht die Lebensgrundlage von Millionen, führt zu mehr Armut, mehr Flucht. Wer die Klimakrise überwinden will, muss für Klimagerechtigkeit sorgen". (Geringfügig verändert nach Gerlof, 2020)

Mit in den in den 1980er Jahren sich in vielen Ländern zunehmend entwickelten Umweltbewusstsein wurden auch Themen von Umweltzerstörung, Verlust von Artenvielfalt und gesundheitlichen Belastungen der Menschen aufgerufen. Dazu kamen mit Beginn der 2000er Jahre zunehmend Fragen nach den Ursachen und Auswirkungen von beobachtbaren Klimaveränderungen, die meist auf der Wahrnehmung von Extremwetterlagen beruhten. Die schon mit Beginn der 1960er Jahre von der Wissenschaft postulierten Klimaveränderungen führten erst Mitte der 2000er Jahre zu einer gesellschaftlichen Diskussion, die oft konträr geführt wurde. Mit der Zunahme an wissenschaftlichen Erkenntnissen über Versteppung, Wüstenausdehnung, Abschmelzen von Gletschern und das Auftauen von Permafrostböden und deren Folgen wie Nahrungsverluste, Überschwemmungen von Küstengebieten, Aussterben von Arten und Ausbreitung von Neophyten und Neofaunen sowie das Auftreten von neuen Gesundheitsbelastungen, wie Hitzetote in Mitteleuropa, hat sich ein Bewusst-

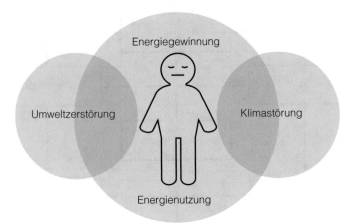

Abb. 2.8 Die Ambivalenz des Menschen im Kontext von Umweltzerstörung und Klimastörung

sein dafür entwickelt, dass Klimaveränderung und Umweltveränderungen in einem engen Zusammenhang stehen. Dieses Klimabewusstsein spiegelt sich unter anderem auch in der Agenda von *Fridays for Future*[17] wider. Klimagerechtigkeit bzw. Klima(un) gerechtigkeit (engl. *climate justice)* thematisiert aktuell vor allem die ungleiche Verteilung von Umweltrisiken in der Welt, die Umweltzerstörungen mit sich bringen[18]. Dabei geht es auch um Resilienz der Betroffenen und um sozioökonomische Rahmenbedingungen. Klimaveränderungen bewirken auch unterschiedliche gesundheitliche Beeinflussungen des Menschen. Jede Art von Störung dieser komplexen interagierenden Systeme, biologisch-ökologische Umwelt und Klima führt zu einer Verwundbarkeit (Vulnerabilität), die mit komplexen Veränderungen meist in einem versetzten Zeitfenster einhergehen. Solche Zeitfenster können in Abhängigkeit von der Ursache der Klimastörung mehreren Jahrzehnten sein. Prinzipiell entstehen Klimastörungen infolge von geodynamischen und anthropogenen Beeinflussungen, wobei ein mittelbarer Zusammenhang nicht ausgeschlossen werden kann (Kappas, 2021). Zunehmend werden mit der Störung der Klimabalance Gesundheitsbeeinträchtigungen assoziiert (Adoke, 2013).

Umweltzerstörung und Klimastörung
Die Ganzheitlichkeit des Begriffes Umwelt umfasst alle Einwirkungen auf die Umwelt – der biologisch/ökologischen, sozialen und geographischen bzw. geodynamischen – und alle Auswirkungen, die von dieser Umwelt ausgehen können. Maßgeblich beteiligt ist der Mensch (vgl. Abb. 2.8).

---

[17] Fridays for Future: Jugendbewegung für Klimagerechtigkeit und gegen Klimastörung.

[18] Zur Vertiefung wird auf Grafe Umwelt- und Klimagerechtigkeit – Digitalisierung, Energiebedarfe, Klimastörung und Umwelt(un)gerechtigkeit (2021) verwiesen.

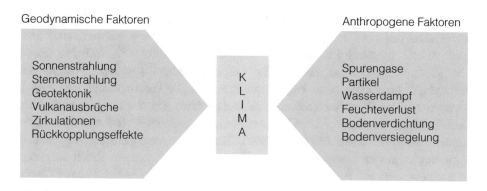

Geodynamische Faktoren   Anthropogene Faktoren

Sonnenstrahlung	K	Spurengase
Sternenstrahlung	L	Partikel
Geotektonik	I	Wasserdampf
Vulkanausbrüche	M	Feuchteverlust
Zirkulationen	A	Bodenverdichtung
Rückkopplungseffekte		Bodenversiegelung

Abb. 2.9 Geodynamische und anthropogene Störungen des Klimas – eine Auswahl

Das Klima muss betrachtet werden als die Abbildung eines längerfristigen Zustandes der bodennahen Atmosphäre, wenngleich auch maßgebliche Einflüsse des nicht bodennahen Atmosphärenbereiches von Bedeutung sind. So bewirken sowohl geodynamische als auch anthropogene Störungen die Balance zwischen bodennaher und nicht bodennaher Atmosphäre, die sich dann als Klimastörung durch spezifische Wetterereignisse, wie starke Hitze oder orkanartige Winde und weitere bemerkbar macht. Der Wissenschaftszweig, der sich mit diesen Prozessen beschäftigt, ist die Klimatologie. Dabei wird in Stadtklimatologie und in globale Klimatologie unterschieden.

„Alles Leben auf der Erde ist vom Klima abhängig, daher umfasst die Klimaforschung unterschiedliche Disziplinen: Meteorologie, Geologie, Ozeanografie und Physik". (Althoetmar, 2020)

Da mit dem Zeitalter der Industrialisierung der anthropogene Einfluss auf das Klima insgesamt bis derzeit stark gestiegen ist, spricht man auch vom Anthropozän[19]. Emissionen, die mit der industriellen Produktion, der Energiegewinnung und sonstigem menschlichen Handels entstehen, haben sowohl Umweltzerstörung als auch Klimastörungen hervorgerufen (vgl. Abb. 2.9).

Auch die zunehmende Digitalisierung spielt im Komplex von Klimastörung infolge von Wärmeabgabe an die Atmosphäre und Verbrauch von Energie eine nicht unwesentliche Rolle. Kohlendioxidäquivalente und der Emissionshandel haben nicht wirklich dazu geführt, dass eine verständliche Transparenz geschaffen wurde. Darüber hinaus gibt es noch keine ausreichend evidenten Angaben zu den Verweilzeiten der klimarelevanten Gase in den oberen Schichten der Atmosphäre. Derzeit kann nicht sicher davon ausgegangen werden, dass mit der Reduktion der Kohlendioxidemissionen ein ausreichender Effekt erreicht werden kann. In den gängigen Betrachtungen von Einwirkung

---

[19] Anthropozän: Zeitalter, das maßgeblich vom Menschen gestaltet und verändert wird.

und Wirkung geht man in der Regel davon aus, dass die Reaktion des Klima-Kohlenstoff-Zyklus auf eine negative CO_2-Emission (Entfernung von Kohlendioxid) gleich groß ist wie die Reaktion auf eine entsprechende positive CO_2-Emission (Eintrag von Kohlendioxid). Diese Betrachtung entspräche einem symmetrischen Verhalten des Zyklus. Ergebnisse einer wissenschaftlichen Studie deuten darauf hin, dass die Kompensation positiver Kohlendioxid-Emissionen durch negative Emissionen derselben Größenordnung zu einem anderen Klimaergebnis führen könnte, als die Vermeidung von Kohlendioxid-Emissionen (Zickfeld, 2021). Ein solches asymmetrische Verhalten der Verweildauer des klimarelevanten Kohlendioxids gibt nach wie vor Rätsel auf, sodass es noch eines erheblichen Forschungsbedarfs gibt. Außerdem bedarf es einer Gesamtbetrachtung der Wirkungsspektren weiterer klimarelevanter Gase, wie Methan oder halogenierte Kohlenwasserstoffe, die auch als VOC (VOC = *Volatile Organic Carbon*) bezeichnet werden und von erheblicher Klimarelevanz sind[20, 21].

2.2.1 Umweltzerstörung und Gesundheitsbelastung

Ist Umweltverträglichkeit gleichzusetzen mit Umweltgerechtigkeit? Wieviel verträgt die soziologisch bio-ökologische Umweltzerstörung? Wie sieht die Verteilung der bio-ökologischen Zerstörung global aus? Welche Bedeutung hat sie im lokalen Wirkungsspektrum?

Die aktuelle Diskussion um Fahrverbote in besonders verkehrsbelastenden Straßenabschnitten in Städten und Gemeinden, aber auch die Fahrverbote in verschiedenen Ländern wegen des sogenannten Sommersmogs oder Lärmbelastung zeigen die Brisanz des Themas, das sich im Spannungsfeld von Ungerechtigkeit und Gerechtigkeit bewegt und sind eine Fortsetzung der Diskussionen um Tempo-30-Zonen und weiterer Geschwindigkeitsbegrenzungen für Kraftfahrzeuge insbesondere im Innenstadtbereich. Wird diesem Zusammenhang der Begriff der Umweltgerechtigkeit (EJ) (EJ = *Environmental Justice*) benutzt, muss zwangsläufig auch der Begriff der Umweltungerechtigkeit (EIJ) (EIJ = *Environmental Injustice*) mit aufgenommen werden. Beide sind nicht voneinander zu trennen. Die Aufgabenfelder, die dem Ansatz Umweltgerechtigkeit zuzuordnen sind, dienen der Prävention vor Umweltungerechtigkeit.

▶ Umweltverträglichkeit dient den Schutzzielen der Umwelt im Sinne des Schutzes der Umweltkompartimente. Umweltgerechtigkeit ist dem Schutz der Gesundheit der Menschen im sozialräumlichen Kontext verpflichtet.

---

[20]Zur weiteren Vertiefung wird auf Grafe Umwelt- und Klimagerechtigkeit – Digitalisierung, Energiebedarfe, Klimastörung und Umwelt(un)gerechtigkeit (2021) verwiesen.

[21]Zur Vertiefung wird auf Kappas, M. Klimatologie: Klimaforschung (2021) verwiesen.

Abb. 2.10 Themenfelder von
Umweltverträglichkeit und
Umweltgerechtigkeit

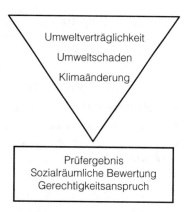

Zu trennen sind beide Themenfelder nicht – ein weiterer Gesichtspunkt dafür, Umwelt und Gerechtigkeit in einem ganzheitlichen Ansatz zu betrachten (vgl. Abb. 2.10).

Für die Umsetzung und Erreichung dieses Anliegens sind praktikable Instrumente und Maßstäbe zu entwickeln. Um eine Umwelt(un)gerechtigkeit zu verhindern bzw. diese zu reduzieren oder zu minimieren, bedarf es neben Wissensvermittlung gleichermaßen zusätzlich Rechtsinstrumentarien. Das bedeutet auch: Das Gewähren des einen kann sehr wohl eine Verschlechterung des anderen Themenfeldes bewirken.

Umweltzerstörung, Umweltbeeinflussung und die Folgen

Wieviel anthropogene Zerstörung verträgt die bio-ökologische Umwelt? Wieviel anthropogene Klimastörung kann die Menschheit sich noch leisten und vor allem wie lange noch? Welche gesundheitlichen Belastungen ent- und bestehen derzeit infolge von Umweltzerstörung und Klimastörung?

Nach wie vor besteht die Frage, wieviel anthropogene Beeinflussung verträgt die Umwelt? Signalwirkung hatten in diesem Zusammenhang die Waldschäden durch den Sogenannten sauren Regen. Auch der Zusammenhang von Krankheitsbildern und Luftschadstoffen wurde offenkundig. Wenn man sich derzeit mit Umweltverträglichkeit befasst, steht eine Vielzahl an wissenschaftlichen Erkenntnissen und Zusammenhängen zur Verfügung, die in komplexen FIS[22] vorgehalten werden und einen komfortabel Zugang zum Wissen über Ursache und Wirkung bieten. Es entstanden im Zuge dieses Erkenntnisgewinns auch neue Medizindisziplinen – die Arbeitsmedizin und die Umweltmedizin. So umfasst die Arbeitsmedizin die Förderung der Gesundheit und Leistungsfähigkeit des arbeitenden Menschen in der betriebswirtschaftlichen Umwelt – dem Sozialen Raum ‚Arbeitsplatz‘.

---

[22] FIS: Digitales Fachinformationssystem.

▶ Das Gebiet der Arbeitsmedizin umfasst als präventivmedizinisches Fach die Wechselbeziehungen zwischen Arbeit bzw. Tätigkeit einerseits sowie Gesundheit und Krankheit andererseits – die arbeitsplatzspezifische Gesundheitsbelastung.

Die Prävention umfasst dabei die arbeitsbedingte Gesundheitsgefährdung und die umweltbedingte Gefährdung am Arbeitsplatz infolge der Einwirkung von gesundheitsrelevanten Stressoren auf den Arbeitenden am Arbeitsplatz. Die Umweltmedizin steht dagegen in einem engen Zusammenhang mit den sozial- und umweltwissenschaftlichen Arbeitsfeldern und stellt die Schnittstelle zur Arbeitsmedizin dar.

▶ Umweltmedizin befasst sich mit der Prävention, Diagnose und Behandlung von Krankheiten und Gesundheitsstörungen, die mit Umweltfaktoren in Verbindung gebracht werden.

„Umweltmedizin befasst sich als interdisziplinäres Fachgebiet (Querschnittsfach) mit der Erforschung, Erkennung und Prävention umweltbedingter Gesundheitsrisiken und Gesundheitsstörungen sowie ggf. mit der unterstützenden Diagnostik, Therapie und Prophylaxe umweltassoziierter Erkrankungen. Umweltmedizin handelt daher in Theorie und Praxis von den gesundheits- und krankheitsbestimmenden Aspekten der Mensch-Umwelt-Beziehung. Als zentraler Fachgegenstand gelten anthropogene Umweltveränderungen/-belastungen und deren Auswirkungen auf die menschliche Gesundheit". (Eisele, 2019)

Die infolge von Beeinflussung der jeweiligen Umweltstressoren, wie Lärm, Schadstoffe, Strahlung und weitere auftretende schädigende Einwirkungen auf die menschliche Gesundheit sind der Gegenstand umweltmedizinischer Untersuchungen. Dabei befasst sich die Umweltmedizin mit der Umwelthygiene, die auch die Human- und Ökotoxikologie umfasst. Darüber hinaus stehen auch umweltinduzierte psychosoziale Phänomene in ihrem Fokus. Fast gleichzeitig mit der Entwicklung der Umweltmedizin wurde die Umweltverträglichkeit thematisiert, da zwischen Umweltmedizin und Umweltbelastung ein enger Zusammenhang besteht. Vor diesem Hintergrund wurden für die Bewertung der Umweltverträglichkeit Regularien entwickelt, die dem Schutz der Umweltkompartimente vor anthropogenen Beeinträchtigungen dienen und im Umkehrschluss die gesundheitliche Beeinträchtigung durch die jeweilige spezifische Umwelteinwirkung verhindern bzw. mindern. Dazu gehören das Umweltverträglichkeitsprüfungsgesetz (UVPG) und die Umweltverträglichkeitsprüfungsrichtlinie (UVP-RL).

▶ Umweltverträglichkeit soll die Frage beantworten, wieviel Schadstoffe und wie viele Eingriffe in Natur und Landschaft verträgt die Umwelt, ohne maßgebliche Schäden zu erleiden. Sie gibt Auskunft darüber, welche Umweltbeeinträchtigungen entstehen und wie stark die natürlichen Ressourcen benutzt werden.

Der Umweltverträglichkeitsansatz bezieht sich auf die Erkenntnisse über schädigende Beeinflussungen und deren Bewertungen auf die Umweltkompartimente, Wasser,

Boden, Luft. Der Fokus liegt auf der Fragestellung, wodurch werden die Umwelt-kompartimente in ihrer Funktion durch menschliche Vorhaben, wie Bebauung, Bodenversiegelung, Verkehrswegbau und Ansiedlung von Industrie und Gewerbe, Windparks und agrarwirtschaftliche und tierwirtschaftliche Großanlagen und weiteren gestört (Grafe, 2018). Umweltverträglichkeitsuntersuchungen sind geeignet, mögliche Folgen von Planungen zu Vorhaben, wie Ansiedlung von Industrieanlagen oder Wohnquartieren abzuschätzen und ggf. alternative Strategien für geplanten Vorhaben zu entwickeln, Die Abfallwirtschaft ist zunehmend bemüht Abfall als Wertstoff zu betrachten. Im Ergebnis gibt es bereits eine Vielzahl von Upcycling-, Downcyling- und Ecyclingprozessen. Umweltverträglichkeit hängt auch eng mit der Beobachtung von Klimaveränderungen durch Beeinträchtigung der Umwelt, z. B. durch Freisetzen von Schadstoffen in die Atmosphäre oder großflächige Versiegelung des Bodens infolge von Bebauung, zusammen. Bestandteil der Untersuchung der Umweltverträglichkeit ist auch der Umgang mit Stoffen, die im Wertschöpfungsprozess vor Ort nicht mehr gebraucht werden – der Abfall. Das betrifft unter anderem Geräte, die veraltet oder nicht mehr dem ästhetischen Ansprüchen gerecht werden bzw. nicht mehr funktionstüchtig sind.

> Hinter diesem Problem steckt die vielgescholtene Wegwerfgesellschaft. Betrachtet man diesen Sektor unter dem Gesichtspunkt der Umweltverträglichkeit, stellt sich sofort die Frage: Was ist Abfall? Welche Rolle spielt er bei der Betrachtung von Umweltverträglichkeit?

Prinzipiell wird Abfall als Wertstoff angesehen. Er entsteht bekannter weise immer dort, wo der Stoff oder das Produktionsmittel nicht mehr gebraucht wird. Seine Zusammensetzung ist sehr unterschiedlich und auch sein ihm noch zuzumessender Wert. Trotzdem ist Abfall in den letzten zwanzig Jahren zu einem gefragten Sekundärrohstoff geworden, insbesondere dann, wenn aus Abfall spezifische Materialien sortenrein gewonnen werden können und in irgendeiner Form wiederverwend- und wiederverwertbar sind. Ein wesentlicher Ansatzpunkt für die Umwelt(un)verträglichkeit (engl. *environmental intolerance*) ist das individuelle Verhalten der Menschen gegenüber der Umwelt. Nach wie vor trägt das maßgeblich zur Schädigung ihrer Lebensgrundlage und der aller anderen Organismen – der biologisch/ökologischen Umwelt – bei. Hinzu kommt, dass die weltweit drastisch gestiegene Bevölkerung einen nicht unmaßgeblichen Einfluss auf den Anstieg von Abfallmengen, aber auch von Müll, hat. Dazu kommt, dass es weltweit an Implikation von Wissen in Sachen Umweltschädigungen infolge individuellen menschlichen Handelns fehlt – ein Umstand, der sich unter anderem im Umweltproblem ‚Plastik im Meer' deutlich zeigt.

Umweltverträglichkeit und Technologiefolgenabschätzung

Im Zusammenhang mit Umweltverträglichkeit sind auch technische und technologische Lösungen zu hinterfragen. Die Vergangenheit hat gezeigt, dass versäumte Folgenabschätzungen für Technologien zu erheblichen Umweltbelastungen geführt haben. Als ein gravierendes Beispiel für die Abschätzung von Technikfolgen kann die geplante Obsoleszenz angeführt werden, die maßgeblich zu Bergen von Abfall und damit zur Umweltbelastung beigetragen hat und beiträgt. Gleichzeitig ist sie auch als Beispiel für unverantwortlichen, also ungerechten Umgang mit natürlichen und materiellen Ressourcen zu nennen. Technische Entwicklungen, aber auch wirtschaftliches Handeln werden derzeit noch sehr selten einer Prüfung auf ihre Umweltverträglichkeit (engl. *environmental product complience*) unterzogen, wobei die geplante Obsoleszenz zwingend dazu gehört (Zahorsky, 2019). Eine Möglichkeit die Umweltverträglichkeit einer technischen Entwicklung zu prüfen, ist die umweltbezogene Technologiefolgenabschätzung.

▶   Technologiefolgenabschätzung ist die systematische und von der Zielsetzung her vollständige Analyse und Bewertung der Wirkungen und Folgen einer Technologie oder Technik in allen betroffenen Teilbereichen der natürlichen und sozialen Umwelt inkl. der Gesundheitsrelevanz für den Menschen.

Das Forschungsgebiet Technik- und Technologiefolgenabschätzung (ERA; TA) (ERA = *Engineering Result Assessment;* TA = *Technology Assessment*) ist ein Teilgebiet der Technikphilosophie und -soziologie. Es beinhaltet sowohl die Prüfung soziologischer Komponenten, die mit der Bewertung von technischen Entwicklungen als auch mit angewandten Technologien in unmittelbaren Zusammenhang stehen. Das Forschungsfeld umfasst vor allem Fragen im Kontext von Wirtschaftsethik und Ressourcennutzung. Dabei steht die Umweltverträglichkeit von Produkten, d. h. wieviel und vor allem welche Umweltschäden können von Produkten ausgehen. Da Umweltzerstörung immer auch mit Störung der ökologischen Balance, Gesundheit der Menschen und Klimastörung einhergehen, gilt es die Technologiefolgenabschätzung um die Umweltverträglichkeit von Produkten zu erweitern.

Praxisbeispiel: Technologiefolgen

Es kann eine Vielzahl an Beispielen für fehlende Technologie- oder Technikfolgenabschätzungen herangezogen werden, um die Auswirkungen auf die Umwelt und damit auf die Gesundheitsfolgen zu verdeutlichen. Dazu zählt unter anderem die in der Vergangenheit weitverbreitete Verwendung von Kieselrot, einem Nebenprodukt der Verhüttung von Kupfererzen. Es handelt sich dabei um eine Schlacke, die infolge einer in den 1930er bis 1940er Jahren entwickelten Technologie für ein Röstreduktionsverfahren zur Kupfergewinnung anfiel. Die Schlacke wurde in den1950er und 1960er

Jahren in Frankreich, Belgien, Holland und Dänemark, aber vor allem in Deutschland als Belag in Sport- und Freizeitanlagen verwendet. Aufgrund der Technologie des Verfahrens enthält diese Schlacke eine erhebliche Menge von gesundheitsrelevanten Schadstoffen. Der Kieselrotbelag in Sport- und Freizeitstätten zeigt ein typisches Dioxinmuster, in dem hochchlorierte Dibenzofurane dominieren, aber auch hochchlorierte Verbindungen wie Hexachlorbenzol (HBC) und polychlorierte Biphenyle (PCB) vorkommen. Dioxine und andere chlorhaltige organischen Stoffe sind hochtoxisch. Die gesundheitsschädigende Belastung von Kieselrot wurde erst 1991 entdeckt. Die Ursache für die Entstehung dieser Stoffe lag im damals angewandten Verhüttungsverfahren – eine Technologiefolge. Infolge von Staubaufwirbelungen sind die hochgiftigen Stoffe in die Umwelt und demzufolge auch in die Nahrungskette gekommen. Dioxine und Furane gehören zu den SVHC (SVHC = *Substances of Very High Concern;* besonders besorgniserregende Stoffe). Da sie zu den POP (POP = *Persistent Organic Pollutions;* persistente organische Schadstoffe) gehören, sind sie auch noch immer in der Umwelt – eine Folge einer nicht erfolgten Technologiefolgenabschätzung. Die Gesundheitsrelevanz dieser chlororganischen Verbindungen ist hoch. Sie werden in Zusammenhang gebracht mit Krebserkrankungen, Erbgutschädigungen und Schädigungen des Zentralnervensystems (Fuhrmann, 2006). Aber auch die Verbrennung von fossilen Brennstoffen als Energieträger oder die Produktion und Verwendung von Herbiziden gehören mit in das Spektrum von Untersuchungen, die im Rahmen von Technologiefolgenabschätzungen durchgeführt werden müssen. Herbizide werden unter dem Gesichtspunkt der Ertragssteigerung in der Agrarwirtschaft eingesetzt. Immer wieder werden Rückstände von Herbiziden, Pestiziden und gesundheitsrelevanten Konservierungsstoffen in Nahrungsmitteln gefunden geschweige denn von Weichmachern in Verpackungsmaterial, Geräten und zum Teil noch immer in Textilien. Es besteht also nach wie vor ein hoher Bedarf an verantwortlichem Handeln. ◄

Technologiefolgenabschätzung bzw. Technikfolgenabschätzung impliziert insbesondere ethische Komponenten. Dazu zählt u. a. die geplante Obsoleszenz, welche maßgeblich zur Ressourcenausbeute und zur Vergrößerung des Abfalls und nicht selten zu erheblichen Beeinträchtigungen der Umwelt und der Gesundheit Betroffener beiträgt. Darüber hinaus hat die geplant Obsoleszenz eine sozioökonomische Komponente, weil häufig einkommensschwache Bevölkerungsgruppen gezwungen sind, billige Produkte zu kaufen und die vorgezogene bzw. geplante Obsoleszenz[23] billigend in Kauf nehmen.

„Wir sind zu arm, um billig zu kaufen". (Sprichwort)

---

[23] Geplante Obsoleszenz: bewusst vorgezogener Funktions- oder Nutzungsausfall von Produkten.

▶   Geplante Obsoleszenz heißt, dass Unternehmen die Nutzungsdauer von Produkten durch bewusstes Verkürzen ihrer Lebensdauer einschränken, sodass der Zyklus: Ware – Kauf – Abfall – Neukauf – usw. aufrechterhalten wird: Ein Circulus vitiosus.

Vor dem Hintergrund, dass ein nicht unerheblicher Teil des Abfalls auf die geplante Obsoleszenz zurückgeführt werden kann, muss diese Form der Umweltbeeinträchtigung auch unter dem Gesichtspunkt der Umweltverträglichkeit bewertet werden. Man unterscheidet in:

- materielle,
- ökonomische und
- psychologische Obsoleszenz.

Sie unterscheiden sich nur in der bewussten Form der Herangehensweise, wie ein Produkt frühzeitig zu Abfall oder zu Geräteschrott wird – nicht aber in ihrer Wirkung. Während die psychologische Komponente oft mit neuem Design und neuen Farben arbeitet und so einen Erwerbsdruck auslöst, werden im Rahmen der stoffbezogenen Obsoleszenz minderwertige, schnell verschleißende Materialien eingebaut, die eine frühzeitig endende Funktionsfähigkeit verursachen. Die ökonomische Form der geplanten Obsoleszenz basiert darauf, dass eine Reparatur teurer oder preisgleich ist, sodass der Nutzer sich für ein neues Gerät entscheidet. Elektronische Geräte, die als Hardware eingesetzt sind, bedürfen aus Sicherheits- oder Komfortgründen regelmäßig Updates, sodass auch hier eine Obsoleszenz gegeben ist. Die geplante Obsoleszenz gibt es in allen produzierenden Bereichen und deren Produkten, wie bei Textilprodukten, Haushaltsgeräten, Unterhaltungselektronik und weiteren. In Hinblick auf die Ressourcenschonung heißt es demzufolge auch: Technologie- und Technikfolgenabschätzung in der Umweltverträglichkeit zu verankern, um geplante Obsoleszenz zu verhindern.

2.2.2   Umweltgerechtigkeit und Gesundheitsverträglichkeit

Welche Bedeutung haben Umweltstörungen auf die menschliche Gesundheit? In welchem Zusammenhang stehen gesundheitsrelevante Umweltzerstörungen mit Krankheitssymptomen? Was bedeutet Gesundheitsverträglichkeit im Kontext mit Umweltzerstörung bzw. Umweltbelastungen?

Ausgehend davon, dass die sozialraumbezogene Umweltbeeinflussung für die Gesundheit der Menschen von großer Bedeutung ist, wurde von Bunge 2012 formuliert:

„Ein guter Gesundheitszustand ist eine wesentliche Bedingung für die soziale, ökonomische und persönliche Entwicklung der Menschen". (Bunge, 2012)

Umweltschutz ist somit ein entscheidender Bestandteil der Lebensqualität der Menschen. Auf der internationalen Konferenz für Gesundheitsförderung in Ottawa (Kanada) 1985 wurde die sogenannte Ottawa Charta zur Welt-Gesundheitsförderung verabschiedet. Die Ottawa Charta zeigt deutlich auf, dass sowohl politische, ökonomische und soziale als auch kulturelle und biologische Umweltfaktoren in Verbindung mit dem individuellen Verhalten der Menschen der Gesundheit entweder zu- oder abträglich sein können (WHO, 1986). Gesundheitsförderung bedeutet Maßnahmen zu ergreifen, die einerseits gesundheitsfördernde Aspekte schaffen und die andererseits gesundheitsschädliche Einflüsse minimieren. Um praktikable und zielführende Lösungsansätze für den Gesundheitsschutz und damit der Gesundheitsförderung entwickeln zu können, ist eine umfassende Datenerhebung notwendig. Gesundheitsschutz beinhaltet immer Chancengleichheit, die im direkten Zusammenhang mit Umweltbelastungen zu sehen ist. Insofern geht es auch immer um Umweltgerechtigkeit. Eine systematische Erfassung der gesundheitlichen Folgen in einer sich schnell wandelnden Umwelt in den Bereichen Lebens- und Arbeitsstrukturen, Mobilität, Technologien, Verkehrswegen, Energienutzung, Städte- und Siedlungsbau und weiterer Themenfeldern ist unabdingbar. Eine Überprüfung des Zusammenhangs von umweltrelevanten Stressoren mit Gesundheitsbeeinträchtigungen oder Krankheitsphänomen ist nur auf der Basis einer breitangelegten Datenerfassung möglich. Die dafür erforderlichen Methoden sind zielgruppenspezifische Human-Monitoring oder Survey. Nur so kann die Möglichkeit für ausgewählte Kohorten geschaffen werden, die ihnen zu zurechnenden Missempfindungen bzw. Krankheitsbildern im Kontext von Umweltbelastungen zu erfassen. Von (Richter, 2009) werden drei Erklärungsansätzen vorgeschlagen, die geeignet sind Umwelt- und Gesundheitsbelastungen zu erklären und um darüber hinaus einen Bezug zum jeweiligen Sozialraum herzustellen:

- materieller Erklärungsansatz,
- psychosomatischer Erklärungsansatz,
- verhaltensbedingter Erklärungsansatz.

Da der materielle Erklärungsansatz weitgehend sozioökonomisch dominiert ist, korrelieren die sozioökonomischen und psychosozialen Bedingungen unmittelbar mit dem Verhalten der betroffenen Sozialgruppe. Als Beispiel dafür kann die Anzahl der Raucher einer Sozialgruppe, deren ökonomischer Stand und deren spezifischen Krankheitsbilder dienen (Kuntz et al., 2016). Der Fokus der Betrachtung und die Bewertung von sozialräumlichen Bedingungen im Hinblick auf Gesundheitsrelevanz ist nicht nur auf großräumige Stadtrandsiedlungen zu beschränken – gleichwohl diese in aller Regel derzeit noch ein hohes sozialräumlich induziertes Ungerechtigkeitspotenzial aufweisen – sondern auch auf kleinräumige innerstädtische Gebiete. Innerstädtische Verdichtungsgebiete sind im Hinblick auf die gesundheitlichen Belastungen infolge von Lärm, Licht, Luftschadstoffen, Fein- und Feinststaub (ultrafeiner Staub) und die bioklimatischen Verhältnisse zur Tages- und Nachtzeit ebenso mit einzubeziehen. Das gilt

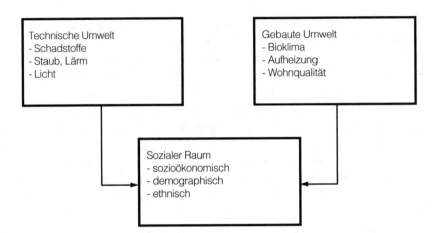

Abb. 2.11 Sozialraumindizierten Umweltstressoren – eine Auswahl

vor allem für städtische Areale, die eine spezifische Baustruktur z. B. aus der Zeit des
endenden 19. Jahrhunderts, der Gründerzeit, aufweisen. Aber auch die in der Nach-
kriegszeit im Zeitfenster von 1946 bis 1960 entstandene Wohnquartiere sind davon
betroffen (Mitscherlich, 1965). Um die Zusammenhänge von Belastungen infolge von
gesundheitsrelevanten Stressoren und bestehender Baustruktur zu bewerten, gilt es,
die Stressoren auf eine sozialräumliche Ebene zu transformieren[24]. Die Kausalität von
Gesundheitsbeeinträchtigungen infolge von Umwelteinflüssen ist nur mittels einer
Vielzahl von Einzelzusammenhängen verifizierbar – es sei denn, es liegt ein umfangreiches Datenmaterial vor. Da innerstädtische Verdichtungsgebiete häufig nicht nur von
einer prosperierenden klein- und mittelständigen Wirtschaft und kultureller Vielfalt
sondern auch von spezifischen sozialräumlichen Faktoren geprägt sind, spielen auch
soziologische Faktoren eine Rolle. Häufig weist deren Bevölkerung demographische
und kulturelle Monostrukturen auf. Um Aussagen über Kausalität von Umweltbeeinflussung und Gesundheit treffen zu können, müssen somit ausgewählte sozialräumlich
wertsetzende Umweltstressoren und deren gesundheitliche Wirkung erfasst werden. Von
allen Umweltstressoren ist der Lärm am umfassendsten untersucht. Im Ergebnis umfangreicher Untersuchungen konnte Lärm als ein evidenter gesundheitsrelevanter Stressor
verifiziert werden (vgl. Abb. 2.11).

Neben dem Lärm fungieren aber auch noch andere physikalische Stressoren wie Licht
und elektromagnetische Strahlung, Staubpartikel unterschiedlicher Größe und Wärme-
emissionen. Von allen Umweltstressoren ist der Lärm am umfassendsten untersucht.
Im Ergebnis umfangreicher Untersuchungen konnte Lärm als ein gesundheitsrelevanter
Stressor verifiziert werden (vgl. Tab. 2.1).

---

[24] Zur Vertiefung wird auf Grafe Umweltwissenschaften für Umweltinformatiker, Umweltingenieure und Stadtplaner (2018) verwiesen.

Tab. 2.1 Gesundheitsrelevante Lärmwirkung – eine Auswahl (geringfügig verändert nach BAFU, 2009)

Physiologische Auswirkungen	Psychologische Auswirkungen
Hörverlust	Belästigung
Vegetative Funktionsstörung	Stress
Herz-Kreislauf-Beeinträchtigung	Nervosität
Kardiovaskuläre Symptome	Verärgerung
Blutdruckerhöhung	Niedergeschlagenheit
Verringerung der Schlaftiefe	Kommunikationsverlust
Kopfschmerzen	Allgemeine psychosomatische Symptome
Soziale Lärmwirkung	**Ökonomische Lärmwirkung**
Kommunikationserschwerung	Miet- und Immobilienpreis
Abstand zu anderen Menschen	Lärmschutzkosten
Nachlassendes Hilfeverhaltens	Krankheits- und Lohnausfall
Aggressionssteigerung	Gesundheitskosten
Soziale Entmischung (Kommunalebene)	Raumplanerische Kosten (Kommunalebene)

Für innerstädtische Verdichtungsgebiete ist Lärm als Sozialindikator verifizierbar. Am Beispiel eines städtischen Raumes, der durch Straßenverkehrslärm und den damit einhergehenden vergesellschafteten Stressoren wie Feinstaub, Ultrafeinstaub, Schadstoffe in der Luft und Licht belastet ist, ist das nachgewiesen (UBA, 2019). Am Beispiel einer strategischen Lärmkarte für das Land Berlin kann dies auch gut nachvollzogen werden (vgl. Abb. 2.12). Es wird deutlich, dass mit der Einbindung sozialräumlicher Faktoren ein Zusammenhang von Lärmbelastung und Wohnumfeld besteht.

Der Umweltgerechtigkeitsansatz umfasst auch die unmittelbare und mittelbare Nähe von Aufenthalts-, Spiel-, Sport- und Erholungsflächen im öffentlichen Raum. Ein Defizit an Bewegungsflächen für Kinder und Jugendliche und der Mangel an die für die Allgemeinheit nutzbaren wohnungsnahen Erholungsflächen sind in die Bewertung des Umweltgerechtigkeitsansatzes mit einzubeziehen. Die exorbitante Übernutzung von Grün- und Freiflächen in Stadtteilen mit einkommensschwacher Wohnbevölkerung zeigt sich zunehmend. Neben der Übernutzung kommt es häufig auch noch zu Fehlnutzungen wie Grillfesten in Park- und Grünanlagen oder intensiven sportlichen Betätigungen. Es ist zwingend notwendig für besonders betroffene Quartiere Indikatoren zu entwickeln, die planerische Instrumente zum Erreichen von Umweltgerechtigkeit im Sinne von Teilhabegerechtigkeit im öffentlichen Raum stützen. Im Gesundheitsbericht des Robert Koch Institut (RKI, 2015) wird der Zusammenhang von fehlenden körperlichen Aktivitäten und Gesundheitsbeeinträchtigung deutlich gemacht. Das dort ausgewertete Datenmaterial zeichnet die Notwendigkeit des Erhalts aber auch der Neueinrichtung von Erholungsflächen und Bewegungsflächen für die städtische Bevölkerung mit

L_DEN in dB(A)

	<= 55
	> 55-60
	> 60-65
	> 65-70
	> 70-75
	> 75

Abb. 2.12 Strategische Lärmkarte – Gesamtlärmindex L_DEN – Summe Verkehr (verändert nach SenStadt 2017)

Dringlichkeit auf. Wobei in diesem Zusammenhang auch die innerstädtische Mobilität im Fokus steht.

Praxisbeispiel: Entwicklung eines Bewegungspfades für Kinder und ältere Menschen

In einem stark verdichteten Gebiet mit sozialer Brisanz wird ein Bewegungspfad für Kinder und alte Menschen konzeptionell entwickelt und umgesetzt. Damit werden Möglichkeiten geschaffen, die auch geeignet sind, Übergewicht bei Kindern zu vermeiden bzw. zu reduzieren und deren Fähigkeiten sich in einem für sie offenen Raum frei zu bewegen. Gleichermaßen wird erreicht, dass ältere Menschen mit Kindern sich gemeinsam in einem öffentlichen Raum begegnen, bewegen und austauschen können. Vor diesem Hintergrund wird ein Plan entwickelt, der insbesondere den Erhalt von wohnungsnahen kleineren Grünflächen vorsieht. Entscheidend dabei ist, dass die Umsetzung dieses Planes gemeinsam mit den ansässigen Wohnungsanbietern und Mietern erfolgt – eine Strategie für die Zukunft vor dem Hintergrund knapper öffentlicher Gelder. Der Plan selbst ist ein wichtiger Baustein im Rahmen der Schaffung von Umweltgerechtigkeit, weil er den öffentlichen Raum neu qualifiziert, demographische Übergänge zwischen Generationen vermittelt und die Gesundheit von Kindern und alten Menschen durch Bewegung unterstützt (Grafe, 2012). ◄

Die zunehmende städtebauliche Verdichtung z. B. Straßenrückbau, Schließen von Wind-schneisen durch Blockrandbebauung und eine zunehmende Versiegelung führen nicht zuletzt auch zur Veränderung der stadthygienischen Verhältnisse. Diese Entwicklung zieht den Verlust wertvoller lufthygienischer Situationen für die Gesundheit der Wohn-bevölkerung nach sich. Die Berücksichtigung von Immissionswalzen in städtebaulichen Planungen und Vorhaben muss unter den Gesichtspunkten Umweltgerechtigkeit und Nachhaltigkeit stärker in den Mittelpunkt gestellt werden. Hier sind vor allem die luft-hygienischen Stressoren Feinstaub und ultrafeiner Staub – sogenannter Feinststaub – die Stickoxide und andere gesundheitsrelevante Noxen, wie Temperatur, Wind und Besonnung von außerordentlicher Bedeutung, da sie für die gesundheitlichen Beein-trächtigungen maßgeblich verantwortlich sind (UBA, 2019). Die Implementierung des Umweltgerechtigkeitsansatzes in sozialräumlich orientierte Planungen ist ein Erforder-nis umweltgerechter Sozial- und Stadtplanung. Es besteht die Hoffnung, dass mit Ein-beziehung dieses Forschungsansatzes praxistaugliche Indikatoren entwickelt werden können, die sowohl Übertragbarkeit als auch Transparenz über Handlungserfordernisse langfristig ermöglichen. Es gibt eine Tendenz dafür, dass Menschen mit einem niedrigen Sozialstatus einer höheren Gesundheitsbelastung durch Umwelteinflüsse ausgesetzt sind als andere mit einem ungleich niedrigeren (Bolte et al., 2012). Sie sind häufiger, insbesondere in Städten von verkehrsbedingten gesundheitsrelevanten Umweltein-flüssen, wie Luftschadstoffe und Lärm aber auch durch Wärmestrahlung infolge von Verdichtung, betroffen als Menschen mit einem höheren Sozialstatus. Kohortenstudien wie das Kinder-Umwelt-Survey (KUS), das vom Umweltbundesamt durchgeführt wurde, zeigen, dass die körperliche Beeinträchtigung von Kindern und Jugendlichen infolge von Schadstoffbelastungen aus der Luft inkl. der Wohnraumluft im sozialräumlichen Kontext zu bewerten sind (Babisch, 2012). Es kann aber auch eine mittelbare gesundheitliche Belastung über die Nahrungsaufnahme oder eine verminderte Teilhabe an Bildung und körperlichen Aktivitäten mit dazu beitragen. Der sozialräumliche Hintergrund, wie Wohnraum, Wohnquartier, Familiensoziologie, Migrationshintergrund und weitere Sozialfaktoren wurden jeweils in die empirische Datenerhebung mit einbezogen (Bunge, 2009). In diesem Zusammenhang geht es auch um Chancengleichheit resp. Chancen-gerechtigkeit.

„Noch nie in der Geschichte waren die Menschen in der Bundesrepublik so gesund und durften sich über eine so hohe Lebenserwartung freuen. Ungeachtet der positiven gesamt-gesellschaftlichen Entwicklung weist dieser Trend aber eine gravierend sozial ungleiche Verteilung auf, die sich als sehr hartnäckig erweist. Während sich die Gesundheit der Bevölkerung als Ganzes positiv verändert, verbessert sich die gesundheitliche Situation sozial schlechter gestellter Personen langsamer als in der restlichen Bevölkerung (Graham & Kelly, 2004; Marmot & Wilkinson, 2003). Dieser Effekt findet sich in allen Ländern, aus denen Daten vorliegen. Die Verteilung von Gesundheit und Krankheit folgt demnach einem gesellschaftlichen Muster und ändert sich in Abhängigkeit von sozialen, wirtschaftlichen und kulturellen Faktoren (Marmot, 1996)". (Entnommen aus Richter, 2009)

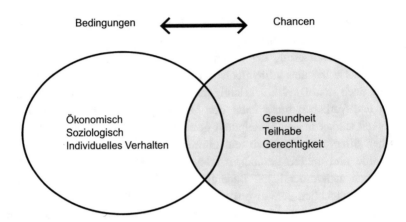

Abb. 2.13 Erklärungsansätze für gesundheitsbezogene Chancengleichheit (als Schnittmenge dargestellt nach Richter, 2009)

Für die Bewertung für Chancengleichheit und wurden von Richter die drei Erklärungsansätze für sozialbedingte Ungleichheit von Gesundheitschancen entwickelt. Während der materielle Erklärungsansatz die soziökonomischen Kriterien, wie Einkommen und andere monetäre Verhältnisse erfasst, umfassen der verhaltensbedingte und der psychosoziale Erklärungssatz Lebens- und Verhaltensweisen, wie gesellschaftliche Teilhabe, Bildung, gesunde Ernährung, Alkoholmissbrauch, Rauchen und weitere (vgl. Abb. 2.13).

Aufgrund der außerordentlichen Komplexität dieser Ansätze wird deutlich, dass jeder Ansatz nur einen Ursachenkomplex beantworten kann (Richter, 2009). Der Zusammenhang von Ungleichheit (engl. *health ineqality*) und Umweltungerechtigkeit (engl. *environmental injustice*) wird in Abb. 2.14 als Modell dargestellt.

Der Versuch, Umweltungerechtigkeit mit sozialräumlichen Aspekten zu vernetzen, mündet zwangsläufig in der Implementierung der Ungleichheit von Gesundheitschancen. Es geht so auch um Gesundheitsgerechtigkeit, um Zugang und Teilhabe aber auch um Schutz vor schädlichen Einflüssen aus der Umwelt. Mit einem erweiterten und damit ganzheitlichen Begriff der Umwelt lassen sich die damit verbundenen Komplexen Handlungsfelder als einen Umweltgerechtigkeitsansatz formulieren, wenngleich dieser auch differenziert betrachtet und Diversitäten ermöglicht werden müssen. Da Umwelt und Klima eng zusammenhängen, steht auch der Diskurs über Umweltgerechtigkeit und Klimagerechtigkeit an. In diesem Zusammenhang muss auch der sozialräumliche Kontext zum lokalen, d. h. sozialräumlichen Klima, hergestellt werden. Hier stehen Themen- und Handlungsfelder für Stadtklima und Bebauungsstruktur an.

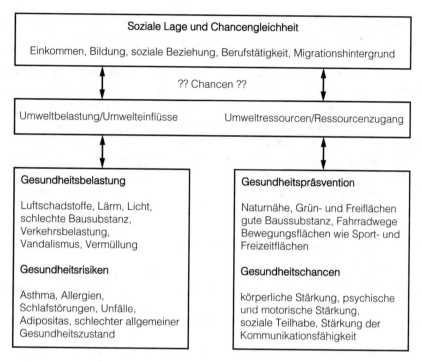

Abb. 2.14 Darstellung der sozialbedingten Gesundheitschancen (geringfügig verändert nach Hornberg, 2012)

2.2.3 Klimastörung und Gesundheitsbelastung

Wie hängen Klimastörung und Gesundheitsbelastung zusammen? Welche Auswirkungen hat das Stadtklima auf die Gesundheit der Bewohnerinnen und Bewohner? Welcher Zusammenhang besteht zwischen Klimaerwärmung und Gesundheitsfolgen? Was versteht man unter Kaltluftschneisen und welche Bedeutung haben diese für die Gesundheit der Menschen? Welche Rolle spielt die Abgabe von Wärme an die Atmosphäre?

Klimabezogene Gerechtigkeit (engl. *Climate-related Justice*) steht in einem engen Zusammenhang mit Umweltgerechtigkeit und damit mit Gesundheitsgerechtigkeit. Unter dem Blickwinkel, dass alle drei verbunden sind mit der Chance auf nicht gesundheitsbelastende Umwelteinflüsse und klimatische Bedingungen, die ebenfalls die Gesundheit nicht beeinträchtigen, geht es vor allem um Chancengleichheit. Dabei geht es sowohl um lokale Gesundheitsbelastungen als auch um globale Gesundheitsbelastungen. In der Konsequenz entsteht die globale Gesundheitsbeeinträchtigung im Wesentlichen durch Klimastörung. Ursache dafür ist eine vielschichtige Umweltzerstörung infolge von Ressourcenverbrauch wie Boden und Wasser infolge von Bodenversiegelung und

Überbauung. Letztere führen zu einer Aufheizung der Städte und der Verkehrsinfrastruktur und sorgen für Abwärme, die sowohl für die lokale als auch für die globale Erwärmung des Klimas von entscheidender Bedeutung sind. Dazu kommt Abwärme, die durch das Betreiben von elektrischen und elektronischen Endgeräten abgegeben wird. Waldbrände und kriegerische Auseinandersetzungen tun ihr Übriges dazu. Die Folgen sind Missernten, Wassernot und damit zu Hungersnot, Flucht und Vertreibung. Eine nicht zu vernachlässigende Größe bei der Betrachtung der Klimaerwärmung ist neben der Energiegewinnung die Abwärme, die von der gebauten Umwelt wie Megastädte, Ballungsgebiete und anderen hochversigelten Siedlungsgebieten in die Atmosphäre abgegeben wird. Dazu kommt die Abwärme infolge der Digitalisierung in der Wirtschaft, aber auch im privaten Bereich, was nicht zuletzt auch mit der steigenden Zahl von Nutzern von digitalen Endgeräten einhergeht[25].

Globale klimabezogene Gesundheitsbelastung – ein Exkurs

> „Die Klimakrise ist kein reines Umweltproblem. Sie bedroht die Lebensgrundlage von Millionen, führt zu noch mehr Armut, mehr Flucht und auch zu kriegerischen Auseinandersetzungen, weil es um natürliche Ressourcen geht. Wer die Klimakrise überwinden will, muss für Klimagerechtigkeit sorgen". (Geringfügig verändert nach Gerlof, 2020)

Mit der Entstehung der Umweltgerechtigkeitsbewegung in den 1980er Jahren wurden die Zusammenhänge von Zerstörung der biologisch-ökologischen Umwelt im sozialräumlichen Kontext öffentlich diskutiert und führten letztendlich zu einem Neuen Verständnis zur Umweltsituation und zum Schutz der Umwelt. Mit Beginn der 2000er Jahre wurden Fragen zu den spürbaren klimatischen Veränderungen gestellt und die Wissenschaft begann sich diesen Fragen intensiv zu stellen. Auf dieser Basis stellt sich mit Beginn der 2019er Jahre eine über die Grenzen der Wissenschaft hinaus entwickelte Sensibilität für Klimaveränderungen und dessen Folgen dar. Der Ruf nach Klimagerechtigkeit (engl. *climate justice*) thematisiert derzeit vorwiegend die ungleiche Verteilung von Umweltrisiken zwischen den hoch entwickelten Industrieländern und den weniger industriell entwickelten Ländern der Welt. Dazu kommen jedoch noch Verhaltensweisen der industriell entwickelten Länder wie z. B. Müll- und Abfallexport, Rohstoffausbeutung etc., die in ihrer Gesamtheit sowohl zur Umweltzerstörung vor Ort als auch mit zur globalen und lokalen Klimastörung beitragen. Infolge der stetig steigenden Weltbevölkerung und damit den stetig steigenden Energiebedarfen kommt es zusätzlich zu Klimastörungen, die ein wesentliches Element für die Erwärmung der Erdatmosphäre sind – von in aller Welt stattfindenden kriegerischen Auseinandersetzung ganz zu schweigen. Der Anteil der Treibstoffverbräuche im Zuge von kriegerischen Auseinandersetzungen, das Verbrennen von ganzen Landschaften, das Unfruchtbarmachen

---

[25] Zur Vertiefung wird auf Grafe Umwelt- und Klimagerechtigkeit – Digitalisierung, Energiebedarfe, Klimastörung und Umwelt(un)gerechtigkeit (2021) verwiesen.

des Bodens durch Schadstoffe und Brände tragen zusätzlich zur globalen Klimastörung bei. Klimaveränderungen haben immer eine Gesundheitsrelevanz. Viele Klimaveränderungen gehen mit Gesundheitsbelastungen einher – ein Themenfeld, das sowohl für globale als auch für lokale Klimaveränderungen von Belang ist. Klimabedingte Gesundheitsbelastungen sind schon seit dem Altertum, dem Mittelalter und in der Neuzeit bekannt. Erwähnt seien hier die Niederschriften aus dem Alten Testament, die von den sieben Plagen berichten, die mit Verderben der Ernte, Hungersnot und Krankheitsüberträgern brachten. Der Kälteeinbruch von 1740 führte in Deutschland zu einer großen Hungersnot mit Krankheit und Tod vieler Menschen.

„Eigentlich ist es ein Naturgesetz: Wenn sich unsere Umweltbedingungen ändern, müssen auch wir uns ändern. Und jetzt sind wir wieder in einer Zeit, die auf einen großen Klimawandel zugeht." (Bloom, 2017)

Die Klimawirkung auf die Gesundheit der Menschen wird in indirekte und in direkte Wirkung eingeteilt. Zur direkten Wirkung werden gesundheitsrelevanten Effekte wie Witterung und Wetter verstanden. Dazu zählen unter anderem Hitzewellen[26], Überschwemmungen, Stürme und Trockenheit. Das bedeutet, dass diese direkte Einwirkung auf die Gesundheit der Menschen haben, in dem z. B. wetterbedingten Schädigungen der Infrastruktur, wie Versorgung mit Strom und Wasser oder Verkehrswege zu gesundheitlichen Belastungen bis hin zur Krankheit führen. Zusätzlich werden durch direkte Einwirkungen auch tierische und pflanzlichen Populationen geschwächt oder vernichtet (Kappas, 2021). Zu den indirekten Einwirkungen zählen Schadstoffe und Partikel, die sich in der bodennahen Atmosphäre befinden und inhalativ oder oral aufgenommen werden. Dazu kommen Bioaerosole, die die Quelle für alte und auch für neue Krankheitsbilder sind. Im Zuge der globalen Erwärmung der Atmosphäre verbreiten sich zunehmend spezifische Klimafolger (engl. *climate follower*), die neue Krankheiten übertragen. Dazu zählen u. a. Stechmücken, Zecken, Fliegen, Ratten und Mäuse, die als Wirtsträger für Krankheitserreger fungieren. Aber auch Pflanzen mit allergenem Potenzial zählen dazu[27].

Lokale klimabezogene Gesundheitsbelastung
Stadtklimatische Bedingungen stehen in einem engen Zusammenhang mit Gesundheitsbelastungen und zeigen sich exemplarisch in Krankheitsbildern wie Herz-Kreislauf-Belastungen, Schlafstörungen, Unwohlsein und Kopfschmerzen.

---

[26] Hitzewelle: an einem Ort auftretende, ungewöhnlich lange Phase aufeinander folgender außergewöhnlich heiße Tage.

[27] Zur weiteren Vertiefung wird auf Grafe Umwelt- und Klimagerechtigkeit – Gesundheit und Wohlbefinden (2020) verwiesen.

„Unter Stadtklima oder auch urbanen Klima versteht man das gegenüber dem Umland durch die Bebauung und durch anthropogene Emissionen wie Luftschadstoffe oder Abwärme von Städten und Ballungsräumen veränderte lokale Klima, auch Mesoklima genannt". (DWD, 2021)

Bestimmend für die Gesundheitsbelastungen, insbesondere in Großstädten, Megastädten und Ballungsgebieten sind vier Wirkungskomplexe, welche das Bioklima ausmachen. Für die lokale klimabezogene Gesundheitsbelastung ist in erster Linie der sogenannte thermische Wirkungskomplex verantwortlich. Hauptursache für die Gesundheitsbelastung der Bewohner ist die gebaute Umwelt und die damit verbundenen stadtklimatischen Verhältnisse, die auch als Humanbiometeorologie bezeichnet werden. Dabei spielen vor allem die lokalen Windverhältnisse und die Abgabe von Wärme von Gebäuden bzw. von den Straßen eine maßgebliche Rolle. Menschen gehören zu den sogenannten wechselwarmen Organismen, sie können ihre Körpertemperatur an die Umgebungstemperatur anpassen und sind somit in der Lage, diese durch Wärmeaufnahme, Wärmeproduktion und Wärmeabgabe im Gleichgewicht zu halten. Störungen dieses Gleichgewichts zeigen sich in Unwohlsein, Schlappheit und Kreislaustörungen. Bei Vorerkrankungen und Altersschwäche kann es auch zu Todesfällen kommen. Die Thermoregulation basiert auf Schweißabsonderung, die eine Kühlung bewirkt, und auf der Veränderung der peripheren Durchblutung. Beide Prozesse stellen einen wichtigen Regulationsfaktor dar. Zu dem chemischen und biogenen Wirkungskomplex zählen insbesondere die Luftverunreinigung mit gesundheits- und klimarelevanten Gasen sowie partikelgetragenen Mikroorganismen, wie Bakterien, Pollen, Pilzsporen etc., die sich als Bioaerosol verbreiten. Raumreduktion infolge von Dichtbebauung, verminderter Luftaustausch und Immissionswalzen führen zu Bioaerosolen von höchster Gesundheitsrelevanz, da sie eine hohe Infektionslast tragen (Fröhlich-Novotoisky, 2016). Einen nicht unmaßgeblichen Anteil an der klimabezogenen Gesundheitsbelastung haben der neurotrope Wirkungskomplex und der elektromagnetische Wirkungskomplex der gebauten Umwelt. Neurotrope Wirkungen zeigen sich in Missempfindungen wie Wetterfühligkeit und Fön-Fühligkeit oder verstärktes Auftreten von Krämpfen bis hin zu Migränebeschwerden bei kreislaufgeschwächten Menschen. Die Wirkungen elektromagnetischer Strahlung, wozu auch das sichtbare Licht gehört, werden zunehmend in den letzten dreißig Jahren als gesundheitsrelevante Beeinträchtigungen bewertet. Dabei ist entscheidend, welchen Wellenlängen der elektromagnetischen Strahlung der Mensch ausgesetzt ist. Die Einwirkung von elektromagnetischer Strahlung wird derzeit als Störfaktor eingeschätzt, wobei durchaus gesundheitsrelevante Effekte wie hormonelle Störungen, Beeinträchtigung des Sehvermögens und weitere bekannt sind[28] (AutKoll, 2021; WHO, 2021; Silbernagel, 2012).

---

[28] Ebd.

2.2.4   Klimabezogene Umweltgerechtigkeit

Wenn Klima und Umwelt in einem direkten Zusammenhang stehen, stehen dann Klimawandel und Umweltzerstörung nicht auch in einem direkten Zusammenhang? Ist dieser Zusammenhang mehr ein lokaler als ein globaler? Wer sind die Verursacher von Klimastörung und Umweltzerstörung? In welcher Verantwortung stehen Verursacher gegenüber den Betroffenen? Wer beantwortet die Frage nach Gerechtigkeit und Ungerechtigkeit?

Die klimabezogene Umweltgerechtigkeit muss sowohl unter den Gesichtspunkten der globalen als auch unter lokaler Klimagerechtigkeit betrachtet werden. Wetteraufzeichnungen und klimabezogene Daten, die in den letzten 100 Jahren aufgezeichnet wurden, zeigen, dass sich das globale Klima verändert hat. Welche Faktoren dazu maßgeblich beigetragen oder dieses bewirkt haben, ist noch nicht abschließend geklärt. Es gibt derzeit unterschiedliche, manchmal auch gegensätzliche Erklärungsmodelle. Fakt ist, das Klima hat sich, insbesondere gefühlt – verändert. Die Beobachtung der Klimaschwankungen der letzten zweihundert Jahre zeigen, dass eine Reihe von klimarelevanten Ereignissen, wie Vulkanausbrüche und der vermehrte Ausstoß klimarelevanter Gase dazu beigetragen haben. In diesem Zusammenhang ist es erstaunlich, dass Klimaphänomene der Vergangenheit im Gedächtnis der Erinnerungen in der aktuellen gesellschaftlichen Diskussion nur wenig, wenn nicht sogar gar nicht, zu finden sind. In der Zeit von 1570 bis 1700 in Europa eine sogenannte kleine Eiszeit, die mit verheerenden Ernteeinbußen und Hungersnöten einherging. In den Jahren 1946 und auch noch 1947 gab es sehr heiße Sommer und sehr kalte Winter in Mitteleuropa mit den bekannten Folgen wie Hunger, Krankheiten, vermehrte Kindersterblichkeit und weitere. Der Winter 1946/1947 wird auch als Hungerwinter bezeichnet (Bissolli, 2001). Während Mitte des 19. Jahrhunderts maßgeblich der Ausbruch des Vulkans Tambora auf der Inseln Sumbawa (Indonesien) dazu geführt hat, sind die Nachkriegsjahre von 1918 und 1945 mit den Nachwirkungen der beiden Weltkriege verknüpft. Auch hier ist eine Ursache-Wirkungs-Beziehung herzustellen. Wenn derzeit der anthropogene Schadstoff- und Partikelausstoß durch die Industrieländer und die damit prognostizierte Klimarelevanz beschrieben wird, ist das eine vorwiegend sektorale Bewertung der Entstehung von Klimastörungen mit einem Fokus auf Industrieabgase und das Wohlstandsverhalten der Menschen. Alle Gase, die mehr als dreiatomig sind, sind klimarelevant. Partikel, insbesondere die Rußpartikel, spielen eine wichtige, wenn nicht sogar entscheidende Rolle, wenn es um die aktuelle Klimaerwärmung geht. Infolge des rasanten Bevölkerungswachstums und den hochentwickelten und großflächig angelegten Industrie- und Logistikbetrieben sind die Wärmemassen, die in die Atmosphäre abgegeben werden deutlich größer, als das noch im 19. Jahrhundert der Fall war. Hocheffiziente Filtertechnik hat es nicht vermocht den Anstieg für Abgase zu reduzieren. Die sogenannten Kohlendioxidäquivalente und der Emissionshandel haben nicht dazu geführt, dass eine verständliche Transparenz geschaffen werden konnte und eine merkliche Entlastung erfolgte. Darüber hinaus gibt es noch keine ausreichend evidenten Angaben zu den Verweilzeiten der klimarelevanten Gase in den oberen Schichten der Atmosphäre.

Die Frage ist nur: Ist das wirklich Alles? Welche Einflüsse sind möglicherweis darüber hinaus noch in Betracht zu ziehen? Ist der öffentlich geführte Diskurs zielführend, um zielführende Handlungserfordernisse ableiten zu können? Sind die großflächigen Versiegelungen des Bodens, die von erheblicher Klimarelevanz sind, ausreichend im Fokus der Bewertung berücksichtig? Welche Rolle spielt der Schadstoffexport und Ferntransport von klimarelevanten Gasen und Partikeln?

Globale klimabezogene Umweltgerechtigkeit – Flucht und Vertreibung: Ein Exkurs
Bei der Betrachtung, wer die Verlierer der Klimastörung sind, ist die Antwort relativ leicht: Es sind die Länder der sog. dritten Welt – es sind die Menschen der dritten Welt – die den Klimaveränderungen nahezu nichts entgegensetzen können, weil sie weder ausreichendes Wissen noch einen ökonomischen Background für eine Selbsthilfe haben. Im Gegenteil, sie verlieren ihre Existenz und möglicherweis ihr Leben und es entstehen politische Konflikte, die unterschiedliche Machtverhältnisse, die nicht immer im Sinne der Menschen sind, begünstigen. Es gilt auch den Zusammenhang von Klimaveränderung und Flucht bzw. Migration von Menschen zu thematisieren. Der Klimawandel als Fluchtgrund muss auch in Ländern thematisiert werden, die für die anthropogene Klimabeeinflussung mit hohem Belastungsindex für globale Klimaerwärmung verantwortlich sind (UNO, 2019). Nach wie vor kommt es zur Verbringung von Abfall mit einer hohen Umwelt- und Gesundheitsrelevanz – die Basis für eine gewinnbringende Exportwirtschaft. Der Schein, dass das eine wie auch immer geartete wirtschaftliche Unterstützung für diese Länder sei, kann nicht aufrechterhalten werden. Klimaveränderung und Flucht werden derzeit in der öffentlichen Diskussion nur unzureichend bis gar nicht thematisiert – meist spricht man von Wirtschaftsflüchtlingen. Kriege sind bekannter weise die Umwelt- und Klimakatastrophen überhaupt. Kriege gehen nicht nur mit Menschenverluste durch Erschießung oder Verhungern einher.

Kriege sorgen für Umweltzerstörung und für Klimastörung in einem sehr hohen Maße infolge einer großflächigen Verbreitung von Schadstoffen über den Ferntransport. Gesundheitsrelevante Schadstoffe gelangen durch den Ferntransport weit vom Ort ihrer Entstehung entfernt in den Boden, in die Luft, das Wasser und letztendlich in die Nahrungskette. Eine Vielzahl von Schadstoffen bleibt über Jahrzehnte im den Boden.

Kriege tragen zu einem erheblichen Maße zur Klimastörung bei (siehe nachfolgendes Beispiel).

Umweltzerstörung und Klimastörung infolge kriegerischer Auseinandersetzungen

Die Messstationen der meteorologischen Dienste erfassen Schadstoff- und Partikelmassen und dokumentieren diese. Sie zeichnen nicht nur die Partikelmassen und Schadstoffe eines Vulkanausbruches auf, sondern auch die von Kriegen. Welchen Anteil Kriege an der Klimastörung haben, ist nicht bekannt oder wird nicht diskutiert. Zur klassischen Militärtechnik gehören neben der Marine, Landfahrzeuge sowie unbemannte Flugkörper und die Luftwaffe. Allein ein einziges nicht militärisches Flugzeug stößt immerhin 1,3 t Kohlendioxid bei einem Mittelstreckenflug aus (UBA, 2022). Nicht eingerechnet ist die Auswirkung der Transportmasse auf den Ausstoß klimarelevanter Gase wie Stickoxide und Wasserdampf. Stickoxide bauen unter der Sonneneinstrahlung Ozon auf, das in unterschiedlichen Flughöhen als starkes Treibhausgas wirkt. Der Ausstoß von Aerosolen und von Wasserdampf führt zu einer Veränderung der natürlichen Wolkenbildung. Diese verschiedenen Effekte summieren sich derart, dass die Treibhauswirkung des Fliegens im Durchschnitt etwa zwei- bis fünfmal höher ist als die alleinige Wirkung des ausgestoßenen Kohlendioxids. Daten über Umweltverschmutzung und Klimastörung von militärischem Gerät sind meist und im Detail nicht öffentlich verfügbar. Ein Kampfjet, wie er von der Bundeswehr genutzt wird, stößt je nach Ausführung zwischen 11 und 14,6 t Kohlendioxid pro Flugstunde aus (Mandalka, 2022). Konventionelle Kriege gehen derzeit noch immer mit verheerenden Bränden einher, die Unmengen von klimaschädigenden Gasen, wie Kohlendioxid und weitere in die Atmosphäre abgeben. Dazu kommt eine erhebliche Wärmeabgabe infolge kriegerischer Auseinandersetzungen, die ihrerseits das Klima stetig weiter erwärmt. Dazu kommt die Zerstörung der natürlichen Ressourcen, wie Boden und Wasser. Allein Schadstoffe, wie Polyzyklische Aromatische Kohlenwasserstoffe, aber auch andere hochtoxische Substanzen, die durch Verbrennung entstehen, haben sehr lange Verweilzeiten im Boden. In der Bundesrepublik Deutschland z. B. werden noch heute, 77 Jahre nach Ende der Kampfhandlungen im 2. Weltkrieg, Altlastensanierungen, d. h. Sanierung ohne Munitionsbeseitigung, im Boden mit einem erheblichen finanziellen Aufwand durchgeführt – ein Beispiel dafür, dass kriegerisches Handeln eine lange Verweilzeit hat, da der Eintrag von gesundheitsrelevanten Schadstoffe, wie Schwermetalle und Polyzyklische Aromatische Kohlenwasserstoffe und weitere toxische Substanzen noch heute die Nahrungskette belastet (Grafe, 2018). Dazu kommen die verbliebenen Munitionsträger und Bomben. Aktuell haben auch Munition und Munitionsreste aus dem 2. Weltkrieg einen nicht unerheblichen Anteil an der Entstehung von Waldbränden in der Bundesrepublik Deutschland (Hirschberger, 2021). ◄

Lokale klimabezogene Umweltgerechtigkeit – eine aktuelle Betrachtung
Die Bewertung von lokaler Klimagerechtigkeit wird gestützt durch die aktuellen
Erkenntnisse und Daten der Stadtklimatologie (Reuter, 2012).

▶   Stadtklimatologie befasst sich mit den lokalen Klimaveränderungen infolge von
    Bebauungsstrukturen Versiegelung des Bodens, der Entstehung von Wärmeinseln
    und erhöhten Konzentrationen an klimawirksamen Emissionen.

Menschen, die z. B. an viel befahrenen Straßen leben, sind den Emissionen des
Straßenverkehrs dauerhaft ausgesetzt. Die beim Verbrennen von Treibstoffen entstehenden Gase, die in aller Regel als Emission das Fahrzeug am Auspuff desselben
verlassen, verbreiten sich als Immission in der Luft. Das Fahrzeug ist in diesem
Zusammenhang der Emittent (vgl. Abb. 2.15). Die Schadstoffe werden mit der Luft ein-
geatmet und es entstehen krankhafte Veränderungen im Organismus (Michael, 2017).

Das bedeutet: Nicht nur die Arbeitswelt mit ihren Emissionen und Immissionen ist
ein Teil Lebensumwelt, sondern auch der öffentliche Raum – im genannten Beispiel eine
vielbefahrene öffentliche Straße mit ihren Anrainern. Umwelt und Lebenswelten hängen
also unmittelbar zusammen. Es bleibt dabei eine offene Frage, ob und wie die Lebenswelten sich in das Geflecht der Umweltbeziehungen einbinden lassen – Gedanken, die
durchaus denkenswert erscheinen. Betrachtet man die Lebenswelten als einen Baustein

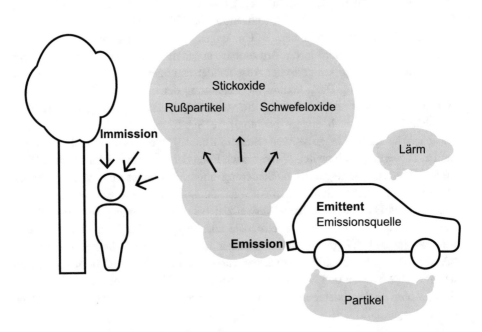

Abb. 2.15 Darstellung des Zusammenhangs von Emission und Immission am Beispiel des
Emittenten Kraftfahrzeug (verändert nach Grafe, 2018)

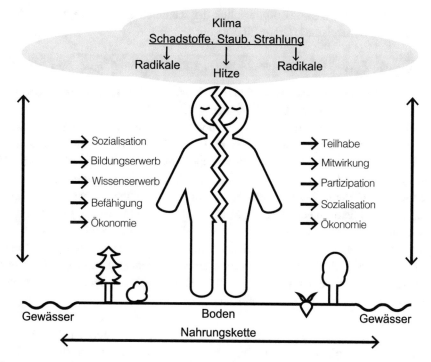

Abb. 2.16 Umwelteinwirkungen und Umweltauswirkungen: Dargestellt wird der Mensch als Akteur (Emittent) und als Betroffener (Patient)

der Umwelt lässt sich gut der Zusammenhang von Umweltschutz als eine Form des Arbeitsschutzes in der Arbeitsumwelt, aber auch die Schnittmenge von sozialem Status bzw. sozialer Lage und Umwelt beleuchten. Der Anspruch auf Ganzheitlichkeit des Begriffs Umwelt spiegelt sich auch in Umwelteinwirkungen und Umweltauswirkungen wider (vgl. Abb. 2.16).

▶   Die Ganzheitlichkeit des Begriffes Umwelt umfasst alle Einwirkungen auf die Umwelt – der biologisch/ökologischen, sozialen und geographischen – und alle Auswirkungen, die von dieser ganzheitlich betrachteten Umwelt ausgehen können.

Eine einseitig sektorale Bewertung ist nicht mehr zeitgemäß. Beispielhaft kann eine Mieterstruktur in Wohnhäusern an vielbefahrenen Straßen für einen sozialräumlichen umweltungerechten Bezug herangezogen werden. Der Sozialraum ist in diesem Fall die Wohnbebauung an einer vielbefahrenen Straße mit Schwerlastverkehr: Ein umweltlicher Raum für die Bewohner mit einer spezifischen Sozialstruktur. Die Umwelt, d. h. der Lebensraum – die soziale Umwelt – der Betroffenen ist stark durch Schadstoffe, Staub und Lärm belastet. Alle drei Komponenten haben ein gesundheitsschädigendes Potenzial (vgl. Tab 2.1, Abschn. 2.2). Die Kollegialität der schädlichen Komponenten ist oft nicht ohne negativen Synergismus (Grafe, 2018).

Zusammenhang von sozialräumlicher Struktur des Raumes und Umweltbelastung

Ein Stadtteil liegt an einer vielbefahrenen Straße mit Schwerlastverkehr und grenzt an ein Gewerbegeiet an. Der Wohnungsbestand geht auf eine Bebauung in den 1950er Jahren zurück. Es besteht ein hoher Sanierungsbedarf. Laut Mietspiegel handelt es sich um eine einfache Wohnlage. Ein großer Teil der Bewohner ist einkommensschwach. Ein Teil ist nicht oder nicht mehr erwerbstätig. Die Mieten sind für die soziale Klientel noch erschwinglich. Die überdurchschnittlich hohe gesundheitliche Belastung dieser Bewohner gegenüber umweltbezogenen Einflüssen, die sich z. B. aus dem innerstädtischen Straßenverkehr ableiten lassen, ist bekannt. Eine Kausalität von spezifischen Krankheitserscheinungen, wie Schlafstörungen, Herz-Kreislauferkrankungen bis hin zu einer erhöhten Mortalitätsrate infolge von Umwelteinflüssen, wie Schadstoffe in der Luft oder Aufheizung der Wohnung im Sommer können abgeleitet werden (Newman, 2014). So stehen Mietentgelt und Gesundheitsbelastungen in einem engen Zusammenhang. ◀

Unter Einbeziehung der Betrachtung der sozialräumlichen Situation von Menschen zeigen sich Probleme der Gesellschaft insgesamt, welche zwangsläufig in Fragen zur Gerechtigkeit (engl. *Equity*) münden. Sozialbenachteiligende Lebensumstände werden neben den individuellen psychosozialen und verhaltensspezifischen Gegebenheiten maßgeblich von gesellschaftlichen Rahmenbedingungen geprägt (Bunge, 2012). Die wirkungsbezogenen Aspekte für Lebenssituationen müssen dringend erweitert werden, wenn dem Begriff Gerechtigkeit entsprochen werden soll. Unter soziologischen Gesichtspunkten fehlen derzeit vor allem in Umweltgerechtigkeitsansätzen demographische Komponenten, wie Alter und Geschlecht. Es drängt sich die Frage auf, ob es gerecht ist, dass einkommensschwache Menschen wegen Alters gezwungen sind, in einer gesundheitsschädigenden Umgebung zu leben (Schnorr, 2011). Und, es drängt sich eine weitere Frage auf, wie können umweltbezogene sozialräumliche Belastung reduziert bzw. minimiert werden. Wenn im Fokus der Betrachtung die Einkommensschwäche steht, muss auch die Teilhabe an Bildung und Kultur, gesunder Ernährung und individueller Lebensgestaltung, wie Kleidung, Wohnung und Erholungsqualität berücksichtigt werden. Die derzeit verhältnismäßig neue Diskussion um gerechten Handel (engl. *faire trade*) und gerechte Produktion (engl. *faire production*) bleiben jedoch auf dem Stand der sozialen Bedingungen in der Arbeitswelt der Produzenten stehen. Das betrifft auch Fragen nach der Verwendung bzw. Ausbeutung der natürlichen Ressourcen, die eher nicht in den Fokus der Betrachtung gestellt werden. Bezieht man in dieses Geflecht die geplante Obsoleszenz mit ein, kann statuiert werden, dass diese mit dazu beiträgt, einkommensschwache Menschen zusätzlich zu belasten. Wenn einkommensschwache Menschen für einen geringen Preis Produkte erwerben, die mit dem Ziel einer

vorfristigen, d. h. geplanten Obsoleszenz produziert wurden, geht es um Wirtschaftsethik, soziale Ignoranz und Verantwortungslosigkeit. Wenn diese Produkte für einen
geringen Preis angeboten werden, werden nicht nur die stofflichen Ressourcen verschleudert, sondern es entsteht auch ein sozioökonomischer Missbrauch. Eine ähnliche
Problematik zeigt sich bei der Ernährung. Es gibt zwar schon über einen längeren Zeitraum einen Diskurs darüber, wie gesund ist die Ernährung mit Fast Food, aber es gibt
noch keine ausreichend fundierten Erkenntnisse. Betrachtet man die Ernährungsgewohnheiten aus der sozialen Perspektive, wird sehr deutlich, dass Einkommensschwäche
sehr oft mit falscher oder schlechter Ernährung zusammenhängt – auch ein Faktum von
Umwelt- und Gesundheitsrelevanz. Im Gesundheitsbericht des Robert-Koch-Instituts
(RKI) Deutschland, Teil 3.1, werden die Ergebnisse umfangreicher Erhebungen, die
mit Hilfe verschiedener Human-Monitoring-Verfahren ermittelt wurden, vorgestellt.
Im Ergebnis der Auswertungen der Daten wird deutlich, dass ein Zusammenhang von
sozioökonomischen Verhältnissen und Gesundheitsverhalten der Menschen besteht (RKI,
2015). Untersuchungen in den USA haben gezeigt, dass die Ansiedlungsdichte von Fast-
Food-Ketten und Lebensmitteldiscountern im Umfeld von sozialbrisanten Quartieren
am größten ist. Darüber hinaus wird in den von (Muff, 2009) vorgelegten Gesundheitsbericht auch auf den Zusammenhang von Übergewicht und Adipositas bei Kindern
und deren sozialen Status aufmerksam gemacht. Betrachtet man beide Probleme –
Obsoleszenz und niedrigwertiges Nahrungsangebot – unter dem Aspekt von Sozialstatus
und Einkommensschwäche, drängen sich zwangsläufig Fragen zu Gerechtigkeit, Verteilung und Verantwortlichkeit auf.

2.2.5   Klimabezogene Umweltverträglichkeit und Umwelt(un) gerechtigkeit

Ist Umweltzerstörung die Ursache für Klimastörung? Wie wirkt Klimastörung auf
die Umweltzerstörung? Wieviel Klimastörung verträgt die biologisch-ökologische
Umwelt? Welche humanbiologischen Folgen bringt Klimastörung mit sich? Welcher
Zusammenhang besteht zwischen Umwelt(un)gerechtigkeit und Klimaveränderung?
Worin besteht der Zusammenhang von globaler klimabezogener Umwelt(un)
gerechtigkeit und Klimastörung? Welche Folgen hat die Klimastörung für die
Gesundheit der Menschen?

Prinzipiell muss das Thema klimabezogene Umweltverträglichkeit im Zusammenhang mit anthropogenen Einflüssen auf die gesamte Atmosphäre betrachtet werden. Das
filigrane Geflecht der klimatischen Funktionalitäten der Erdatmosphäre kann sowohl für
die bodennahe Atmosphäre – d. h. die Luft, die Menschen und andere Lebewesen zum
Leben brauchen – als auch für die Bereiche der sogenannten oberen Atmosphären, wie
Troposphäre und Stratosphäre beschrieben werden.

▶ Der Begriff *Global Warming Pozential* subsumiert den Einfluss, den die Masse eines Gases auf die Strahlungsbilanz der Troposphäre ausübt, wobei der tatsächliche Einfluss der Gasmasse über einen bestimmten Zeitraum von der Konzentration der Gase abhängt, die den Strahlungsantrieb bewirkt.

Von Bedeutung für die Umwelt sind die Zusammenhänge der Wirkung aller Atmosphärenbereiche. Klimaveränderungen können auch geologische Ursachen haben. Geogene Beeinflussungen sind unter anderen der Ausbruch von Vulkanen oder geotektonische Aktivitäten im Erdinneren, wie Erdbeben, Tsunamies und Plattentektonik. Aber auch die anthropogene Beeinflussung der bodennahen Atmosphäre und die damit verbundenen Veränderungen der Beziehungen der Atmosphärenschichten untereinander führen zur Klimaveränderung. Einflusskomponenten sind unter anderem die Versiegelung des Bodens durch Bebauung und das Einbringen von *Impacts* (dtsch. Eintrag) in die Atmosphäre, wie Staubpartikel und klimarelevante Gase. Die damit einhergehende Erwärmung der unteren und oberen Luftschichten infolge Änderung der Zusammensetzung der Luft in den Luftschichten hat auch Einfluss auf die lokalen Klimaverhältnisse. Die in den letzten zehn Jahren aufgetretenen Hitzewellen in Mitteleuropa haben zu großflächigen Waldbränden geführt. Das bedeutet, dass auch diese Brände eine Menge an klimarelevanten Gasen emittiert und somit zur allgemeinen klimatischen Erwärmung einen Beitrag geleistet hat. Dass eine Erwärmung zu einer verstärkten Wasserabgabe von Pflanzen führt und gleichzeitig eine Austrocknung des Bodens bewirkt, die ihrerseits wiederum Krankheiten fördern und zu Absterben von Pflanzen führen kann, ist hinreichend bekannt. In diesem Zusammenhang geht es aber auch um Verluste von Lebensgemeinschaften und Veränderungen von Populationen in Flora und Fauna. Derzeit kann eine starke Populationsänderung infolge der Klimaerwärmung im mitteleuropäischen Bereich konstatiert werden (NABU, 2017). Das Problem Neophyten und Neozoon wird weltweit beobachtet. Mit dem Auftreten neuer Populationen entstehen neue Nahrungs- und Raumkonkurrenzen (vgl. Abb. 2.17).

Populationsdynamische Veränderungen durch anthropogene Stressoren sind gekennzeichnet durch Verdrängung, Bildung von Monokulturen, Anfälligkeit für Krankheiten und Schädlinge – wobei viele Schädlinge nur Nahrungskonkurrenten sind. Mit der Erarbeitung von Verbreitungsmustern für Populationsänderungen können anthropogene Stressorpotenziale aufgezeigt werden. Stressoren können stofflicher oder nichtstofflicher Art sein. Im Hinblick auf die klimabezogene Umweltverträglichkeit spielen die nichtstofflichen Stressoren wie Raumreduzierung, elektromagnetische Strahlung, Trockenheit und Wärme eine maßgebliche Rolle, obwohl diese mit den stofflichen Stressoren von Klimarelevanz eng zusammenhängen (vgl. Abb. 2.18).

Ein weiteres Problem ist das Auslaugen von Böden. Infolge von Verdichtung, Überdüngung, Bewässerung und jahrelangem Anbau von Monokulturen ist die Bodenvitalität in vielen Gebieten dieser Erde, auch in Mitteleuropa, nachhaltig gestört (NABU, 2017). Die Desertifikation hat erhebliche Ausmaße erlangt. Der Missbrauch von Wasser infolge

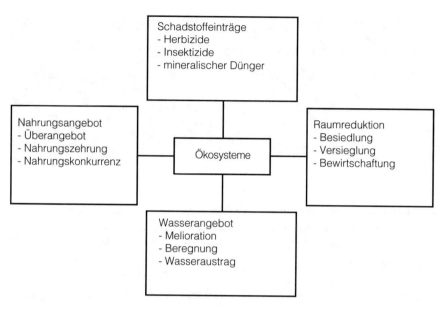

Abb. 2.17 Anthropogene Stressorpotenziale für ökologische Systeme

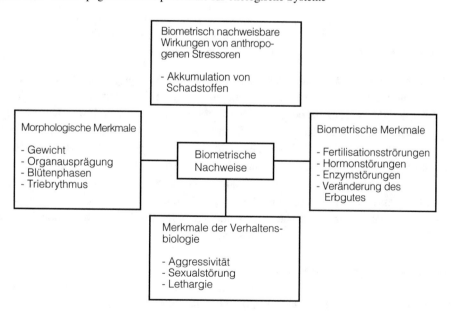

Abb. 2.18 Biometrisch nachweisbare Wirkungen von anthropogenen Stressoren

von großflächiger künstlicher Beregnung und ein langjähriger und stetig steigender Einsatz von mineralischem Dünger haben weltweit zur Entbiologisierung ganzer Landstriche geführt – mit dem deutlichen Hinweis auf klimaschädigende Folgen, vom Verlust an Nahrung ganz zu schweigen (Navracsics, 2018).

Die klimabezogene Umwelt(un)gerechtigkeit muss sowohl unter dem Gesichtspunkt der globalen als auch unter lokaler Klima(un)gerechtigkeit betrachtet werden. Während die globale Klima(un)gerechtigkeit auf Basis einer globalen Klimaverträglichkeit betrachtet werden muss, geht es bei der lokalen Klima(un) gerechtigkeit um die Bewertung von kommunal- und regionalpolitischen Maßnahmen, wobei eine Entkopplung von der globalen Klimaverträglichkeit nicht möglich ist, da beide Prozesse in einem unmittelbaren Zusammenhang stehen.

Lokale klimabezogene Umwelt(un)gerechtigkeit – eine aktuelle Betrachtung

Mit lokalen Klimaveränderungen und Einflüssen beschäftigt sich die Stadtklimatologie. Die Bewertung von lokaler Klimagerechtigkeit bzw. Klima(un)gerechtigkeit wird gestützt durch die jeweils aktuellen Erkenntnisse und Daten der Stadtklimatologie (Reuter, 2012). Dazu zählen unteranderem der PET[29], der PMV[30], das Vorhandensein von Kaltluftschneiden, Wärmeinseln und bauliche Verdichtung bzw. Versiegelung des Bodens.

> „Unter Stadtklima oder auch urbanem Klima versteht man das über dem Umland durch die Bebauung und anthropogenen Emissionen oder Abwärme modifizierte Mesoklima von Städten und Ballungsräumen". (Geringfügig verändert nach DWD, 2021)

Das urbane Klima ist vor allem durch den thermischen Wirkungskomplex der gebauten Umwelt und der infolge dessen entstehenden Humanbiometeorologie, die gekennzeichnet ist durch spezifische humanbiometeorologische Faktoren wie Umgebungstemperatur, Tag-Nacht-Temperaturdifferenzen, lokale Windverhältnisse und Luftfeuchtigkeit. Dabei ist die Bebauungsstruktur, die sog. gebaute Umwelt, maßgebend für das Bioklima in einer Stadt (Schlicht, 2017). Sozialraumbezogene Umwelt- und Klima(un)gerechtigkeit zeigt sich im Spannungsfeld von urbanem Klima. Nicht nur die Arbeits(um)welt mit ihren Emissionen und Immissionen ist ein Teil Lebensumwelt, sondern auch der öffentliche Raum – z. B. eine vielbefahrene öffentliche Straße. Umwelt und Lebenswelten hängen also unmittelbar zusammen.

Lokale klimabezogene Gesundheitsbelastung

Lokale klimabezogene Effekte und Wirkungen werden subsumiert unter dem Begriff Stadtklimatologie. Sie befasst sich mit der anthropogenen Beeinflussung des Stadtklimas und den damit verbundenen Veränderungen des lokalen Bioklimas. Es stellt

---

[29] PET (engl. *Physiological Equivalent Temperature*): dtsch. Physiologisch unbedenkliche Temperatur.

[30] PMV (engl. *Predigted Mean Vote*): dtsch. Wohlfühltemperatur.

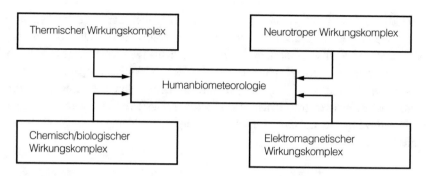

Abb. 2.19 Gesundheitsbezogene ‚Humanbiometeorologische Wirkungsfelder'

sich in diesem Zusammen die Frage, inwieweit sich die stadtklimatischen Verhältnisse infolge von Versiegelung des Bodens, des Vorhandenseins oder Nichtvorhandenseins von ausreichend Grünflächen und der bestehenden oder geplanten Bebauungsstruktur verändern. Dabei ist der Luftaustausch von besonders großer lufthygienischer Relevanz. Als wertsetzende Indikatoren gelten der Versiegelungsgrad des Bodens, der von erheblicher Klimarelevanz ist, und die siedlungsbedingten meteorologischen Bedingungen. Zu den siedlungsbedingten meteorologischen Indikatoren zählen die Ausrichtung der Bebauungsstruktur in der jeweiligen Hauptwindrichtung, die Dichte und die Höhe der Bebauung, sowie die topologische Lage mit Kalt- und Warmluftschneisen. Die klimabedingten Umweltstressoren in ihrer Gesamtheit werden als ‚Humanbiometeorologische Wirkungsfelder' zusammengefasst (vgl. Abb. 2.19).

Dazu kommt das Auftreten von Immissionswalzen[31], der Verlust an Niederschlagswasser, weil dieses in der Kanalisation landet und aus dem städtischen Bereich entfernt wird. Bestimmende Faktoren für ein gesundheitsrelevantes Stadtklima sind Niederschlagsmenge, Verhältnis von Tages- und Nachtklima, Besonnung und Verschattung, die Orientierung der Wohnungen im Siedlungsbau (Reuter, 2012). Da die Aufheizung der Städte infolge der Bebauung einen maßgeblichen Anteil an der Abgabe von Warmluft an die Atmosphäre hat, die durch die Digitalisierung noch unterstützt wird, sind die stadtklimatischen Indikatoren PET und PMV für eine Gesundheitsbelastung der städtischen Wohnbevölkerung bei jedem Planungsvorhaben primär zu beachten[32].

Sozioökonomische Umwelt- und Klima(un)gerechtigkeit
Unter Einbeziehung der Betrachtung der sozialräumlichen Situation von Menschen zeigen sich Probleme der Gesellschaft, die Gesellschaften der sog. Dritten Welt

---

[31] Immissionswalzen: Aufkonzentration von Schadstoffen in Luftanströmungen (Aerosolen) an Gebäuden.

[32] Zur Vertiefung wird auf Grafe Umwelt- und Klimagerechtigkeit – Digitalisierung, Energiebedarfe, Klimastörung und Umwelt(un)gerechtigkeit (2020) verwiesen.

eingeschlossen, insgesamt, welche zwangsläufig in Fragen zur Gerechtigkeit münden. Sozialbenachteiligende Lebensumstände werden neben den individuellen psychosozialen und verhaltensspezifischen Gegebenheiten maßgeblich von gesellschaftlichen Rahmenbedingungen geprägt (Bunge, 2012). Die wirkungsbezogenen Aspekte für Lebenssituationen müssen dringend erweitert werden, wenn dem Begriff Gerechtigkeit entsprochen werden soll. Unter soziologischen Gesichtspunkten fehlen derzeit vor allem in Umweltgerechtigkeitsansätzen demographische Komponenten, wie Alter und Geschlecht.

> Es drängt sich die Frage auf, ob es gerecht ist, dass einkommensschwache Menschen z. B. wegen Alters gezwungen sind, in einer gesundheitsschädigenden Umgebung zu leben (Schnorr, 2011). Und, es drängt sich eine weitere Frage auf, wie können umweltbezogene sozialräumliche Belastung reduziert bzw. minimiert werden. Wenn im Fokus der Betrachtung die Einkommensschwäche steht, muss auch die Teilhabe an Bildung und Kultur, gesunder Ernährung und individueller Lebensgestaltung, wie Kleidung, Wohnung und Erholungsqualität berücksichtigt werden.

Die derzeit verhältnismäßig neue Diskussion um gerechten Handel und gerechte Produktion bleiben jedoch auf dem Stand der sozialen Bedingungen in der Arbeitswelt der Produzenten stehen und sind auch nur ein Leuchtpunkt für eine angemessene sozioökonomische Herstellung von Produkten. Viele Arbeitnehmer sind in faire Arbeitsbedingungen mit angemessener Entlohnung sowohl in Agrarunternehmen als auch in der industriellen Fertigung von Produkten nicht eingebunden. Das betrifft auch Fragen nach der Verwendung bzw. Ausbeutung der natürlichen Ressourcen, die eher nicht in den Fokus der Betrachtung gestellt werden. Bezieht man in dieses Geflecht die geplante Obsoleszenz mit ein, kann statuiert werden, dass diese mit dazu beiträgt, einkommensschwache Menschen zusätzlich zu belasten. Wenn einkommensschwache Menschen Produkte erwerben, die mit dem Ziel einer vorfristigen, d. h. geplanten Obsoleszenz produziert wurden, geht es um Wirtschaftsethik und um politische Verantwortung. Wenn diese Produkte für einen geringen Preis angeboten werden, werden nicht nur die stofflichen Ressourcen verschleudert, sondern es entsteht auch ein sozioökonomischer Missbrauch. Eine ähnliche Problematik zeigt sich bei der Ernährung. Es gibt zwar schon über einen längeren Zeitraum einen Diskurs darüber, wie gesund ist die Ernährung mit Fast Food, aber es gibt noch keine ausreichend fundierten Erkenntnisse. Betrachtet man die Ernährungsgewohnheiten aus der sozioökonomischen Perspektive, wird sehr deutlich, dass Einkommensschwäche sehr oft mit falscher oder schlechter Ernährung zusammenhängt – auch ein Faktum von Umwelt- und Gesundheitsrelevanz. Im Gesundheitsbericht des RKI Deutschland, Teil 3.1 werden die Ergebnisse umfangreicher Erhebungen, die mit Hilfe verschiedener Human-Monitoring-Verfahren ermittelt wurden, vorgestellt.

Im Ergebnis der Auswertungen der Daten wird deutlich, dass ein Zusammenhang von soziökonomischen Verhältnissen und Gesundheitsverhalten der Menschen besteht (RKI, 2015). Untersuchungen in den USA haben gezeigt, dass die Ansiedlungsdichte von Fast-Food-Ketten und Lebensmitteldiscountern im Umfeld von sozialbrisanten Quartieren am größten ist (Muff, 2009). Darüber hinaus wird in den von (Muff, 2009) vorgelegten Gesundheitsbericht auch auf den Zusammenhang von Übergewicht und Adipositas bei Kindern und deren sozialen Status aufmerksam gemacht. Betrachtet man beide Probleme – Obsoleszenz und niedrigwertiges Nahrungsangebot – unter dem Aspekt von Sozialstatus und Einkommensschwäche, drängen sich zwangsläufig Fragen zu Gerechtigkeit, Verteilung und Verantwortlichkeit auf.

Literatur

Adoke, J., & Wright, C. Y. (2013). *Climate Vulnerability. Vulnerability of human health to climate* In J. Adoke (Hrsg.), Elsevier Academic Press. ISSBN 9780123918956.

Albers, G. (1996). *Stadtplanung – Eine praxisorientierte Einführung.* Primus Darmstadt

Althoetmar, K., & Frank, A. (2020). Klimaforschung. https://www.planet-wissen.de/natur/klima/klimaforschung/index.html. Zugegriffen: 10. Apr. 2021.

AutKoll [Autorenkollketiv]. (2021). Fachinformation zur Bedeutung elektromagnetischer Felder für Umwelt und Gesundheit In ElektrosmogReport März 2021 (Hrsg. und V.i.S.P) Diagnose-Funk e. V.; Www.EMFdata.org. Zugegriffen: 4. Apr. 2021.

Babisch, W. (2012). Lärm. In Umwelt und Gesundheit 05. (Hrsg.), Umweltbundesamt. https://www.umweltbundesamt.de/publikationen/kinder-umwelt-survey-200306-laerm. Zugegriffen: 31. Aug. 2019.

BAFU [Bundesamt für Umwelt]. (2009). Lärmbelastung in der Schweiz. Ergebnisse des nationalen Lärmmonitorings SonBase. Umwelt-Zustand Nr. 0907. (Hrsg.), Bundesamt Umwelt, Bern.

Bissolli, P., Göring, L., & Lefebvre, C. (2001). Extreme Wetter- und Witterungsereignisse im 20. Jahrhundert. (Hrsg.), Universität Bonn. https://www2.meteo.uni-bonn.de/mitarbeiter/CSchoelzel/fortbildung/publikationen/dwd_2001_extreme_20_jahrhundert.pdf#page=5. Zugegriffen: 1. Sept. 2019.

Bolte, G. Bunge, Ch., Hornberg, C., & Köckler, H. (2012). In A. Mielck (Hrsg.), *WHO-Beiträge zum Buch: Umweltgerechtigkeit – Chancengleichheit bei Umwelt und Gesundheit: Konzepte und Handlungsperspektiven.* Hans Huber Verlag Bern ISBN 978–3–456–85049–8.

Bornehag, C. G., et al. (2001). Dampness in Buildings and health. Nordic interdisciplinary review of scientific evidence on associations between exposure to "dampness" in Buildings and health effects (NORDDAMP). *Indoor air 11*(2), 72—86.

Bunge, Ch. (Hrsg.). (2012). *Die soziale Dimension von Umwelt und Gesundheit.* In Umweltgerechtigkeit. (Hrsg.), Mielck, A. Hans Huber Verlag.

Bunge, Ch., & Katzschner, A. (2009). *Umwelt, Gesundheit und soziale Lage: Studien zur sozialen Ungleichheit gesundheitsrelevanter Umweltbelastungen in Deutschland.* In Umwelt & Gesundheit 02, (Hrsg.) Umweltbundesamt.

Dewilde, C. (2003). *A life course perspective on social Exclusion and Property. British Journal of Sociology 54* (1), In: Hübgen, S. (2020). Armutsrisiko – Alleinerziehen: Die Bedeutung von sozialer Komposition und institutionellen Kontext in Deutschland, Budrich Uni Press.

ISBN 978-3-86388-818-3, 978-3-86388-448-2. https://doi.org/10.3224/86388818, https://doi.
    org/10.3224/86388818. Zugegriffen 4. Juli 2020.
DWD [Deutscher Wetterdienst]. (2021). Klimastatusbericht Deutschland Jahr 2020. (Hrsg.) DWD
    Selbstverlag Offenbach. www.dwd.de/DE/derdwd/bibliothek/fachpublikationen/selbstverlag/selbst-
    verlag_node.html https://www.dwd.de/DE/leistungen/klimastatusbericht/klimastatusbericht.html
    https://www.dwd.de/DE/leistungen/klimastatusbericht/publikationen/ksb_2020.pdf. Zugegriffen: 9.
    Apr. 2021.
Eisele, J.-S. (2019). Mehrwert Kleingartenwesen – Mehr Umweltgerechtigkeit schaffen. In
    Bindestrich 67 Duchenier (Hrsg.), Office International du Coin de Terre et des Jardins
    Familiauxassociation sans but lucratif. http://www.jardins-familiaux.org/pdf/Archiv_hyphen/
    Bindestrich_67_de.pdf. Zugegriffen: 23. Aug. 2019.
EU [European Union]. (2019). European energy poverty index (EEPI) – Assessing member states
    progress in alleviating the domestic transport energy poverty nexus. ISBN 978-2-9564721-5-5
    EAN 782956472155. https://www.openexp.eu/sites/default/files/publication/files/european_
    energy_poverty_index-eepi_en.pdf. Zugegriffen: 26. Febr. 2020.
Flues, F., & Dender, K. (2017). The impact of energy taxes on the anfordability of domestic energy
    No. 30 (Hrsg.) Organisation for Economic Co-operation and Development (OECD). https://
    doi.org/10.1787/08705547-en. Zugegriffen: 24. Febr. 2020.
Fröhlich-Nowotoisky, J. et al. (2016). Bioaerosols in the Earth system: Climate, health, and eco-
    system interactions. In Atmosheric Research (Bd. 182, S. 346–376). Elsevier. https://reader.
    elsevier.com/reader/sd/pii/S0169809516301995?token=3E76488A6924C93F8C7BEE33709A
    B2CB296A294C40FD28479BCA15B. Zugegriffen: 30. April 2021. https://www.sciencedirect.
    com/science/article/pii/S0169809516301995.pdf. Zugegriffen: 2. Juni 2022.
Fuhrman, G. F. (2006). Toxikologie für Naturwissenschaftler. Teubner.
Giest, H. (2010). Umweltbildung und Schulgarten (2. Aufl.). In (Hrsg.) Universität Potsdam,
    ISBN 978–3–940793–19–5 20. https://publishup.uni-potsdam.de/opus4-ubp/frontdoor/deliver/
    index/docId/4025/file/giest_schulgarten.pdf. Zugegriffen: 18. Aug. 2019.
Gerlof, K. (2020). Höllenjahrhundert oder Klimawende. In Maldekstra Nr. 7 Die Globale
    Perspektive von Links: Das Auslandsjournal (Hrsg.) Rosa-Luxemburg-Stiftung, Common Ver-
    lagsgenossenschaft e. V.
Grafe, R. (2012). Vortrag: Umweltgerechtigkeit – Praxisbeispiel Nauener Platz Berlin Mitte. In
    Fachtagung Deutsches Institut für Urbanistik. https://difu.de/dokument/potenziale-fuer-mehr-
    umweltgerechtigkeit-nov-2012.html. Zugegriffen: 26. Okt. 2019.
Grafe, R. (2018). Umweltwissenschaften für Umweltinformatiker, Umweltingenieure und Stadt-
    planer. Springer Heidelberg. ISBN 978–3–662–57746–2, ISBN 978–3–662–57747–9 (eBook).
    https://doi.org/10.10007/978-3-662-57747-9.
Grafe, R. (2020a). Umweltgerechtigkeit – Wohnen und Energie, ISBN 978–3–658–30592–5, ISBN
    978–3–658–30593–2 (eBook), ISSN 2197–6708 (essentials), ISSN 2197–6716 (electronic)
    https://doi.org/10.1007/978-3-658-30593-2.
Grafe, R. (2021a). Umwelt- und Klimagerechtigkeit – Gesundheit und Wohlbefinden, ISBN 978–
    3–658–35227–1,ISBN 978-3-658-35228-8 (eBook), ISSN 2197–678 (essential), ISSN 2197–
    6716 (electronic) https://doi.org/10.1007/978-3-658-35228-8.
Grafe, R. (2021b). Umwelt- und Klimagerechtigkeit: Digitalisierung, Energiebedarfe, Klima-
    störung und Umwelt(un)gerechtigkeit, ISBN 978-3658-36327-7, ISBN 978–658–
    36328–4 (eBook), ISSN 2197-6708 essentials, ISSN 2197-6716 (electronic). https://doi.
    org/10.1007/978-3-658-36328-4.
Groß, M. (2011). Handbuch Umweltsoziologie. Springer VS, ISBN 978-3-531-17429-7, ISBN
    978-3-531-93097-8. https://doi.org/10.1007/978-3-531-93097-8, https://doi.org/10.1007/978-3-
    531-93097-8. Zugegriffen: 7. Juli 2020.

Hirschberger, P., Griesshammer, N., & Winter, S. (2021). Verbrannte Erde – Ursachen und Folgen weltweiter Waldbrände (Hrsg.) WWF Deutschland. https://www.wwf.de/fileadmin/fm-wwf/Publikationen-PDF/Wald/WWF-Studie-Verbrannte-Erde-Ursachen-Folgen-Waldbrand-Deutschland.pdf. Zugegriffen: 20. Aug. 2022.

Hornberg, C., & Bunge, Ch. (2012). Vortrag: Auf dem Weg zu mehr Umweltgerechtigkeit: Handlungsfelder für Forschung, Politik und Praxis. https://difu.de/sites/difu.de/files/archiv/veranstaltungen/2012-11-19-umweltgerechtigkeit/hornberg.pdf Zugegriffen: 26. Okt. 2019.

Kappas, M. (2021). *Klimatologie: Klimaforschung im 21. Jahrhundert – Herausforderung für Natur- und Sozialwissenschaften* (2. Aufl.) Springer Spektrum. ISBN 978-3-662-62105-9 (eBook) ISBN 978–3–662–62104–2.

Hornberg, C. Bunge, Ch., & Pauli, A. (2011). Strategien für mehr Umweltgerechtigkeit und Handlungsfelder für Forschung, Politik und Praxis.In (Hrsg.), Universität Bielefeld, Fakultät für Gesundheitswissenschaften. ISBN 978-3-933066-46-6.

Klagge, B. (2004). Städtische Armut und kleinräumige Segregation im Kontext wirtschaftlicher und demographischer Bedingungen – am Beispiel von Düsseldorf, Essen, Frankfurt, Hannover und Stuttgart. In Information und Raumentwicklung Heft 3/2004(Hrsg.) Bundesamt für Bauwesen und Raumordnung (BBSR). https://www.bbsr.bund.de/BBSR/DE/Veroeffentlichungen/IzR/2003/Downloads/3_4Klagge.pdf?__blob=publicationFile&v=2. Zugegriffen: 30. Sept. 2019.

Kuntz, B., Zeiher, J., Hoebel, J., & Lampert, T. (2016). Soziale Ungleichheit, Rauchen und Gesundheit. *Suchttherapie, 17* (03),115–123. https://doi.org/10.1055/s-0042-109372.

Maier, G. W. (2018). Sozialisation. In Gabler Wirtschaftslexikon Springer Fachmedien Wiesbaden https://wirtschaftslexikon.gabler.de/definition/sozialisation-43285. Zugegriffen: 15. Sept. 2020

Mandalka, T (2022). Tagesschau https://www.tagesschau.de/investigativ/rbb/klimaziele-bundeswehr-co2-emissionen-101.html (Zugegriffen: 01. Sept. 2022)

Michael, S. (2017). Humantoxikologische und umweltmedizinische Bewertung von Luftschadstoffen. Vortrag: Kolloquium Luftqualität an Straßen. In (Hrsg.) Eisenbahnbundesamt .https://www.bast.de/DE/Verkehrstechnik/Publikationen/Veranstaltungen/V3-Luft-2017/Vortrag-Michael.pdf?__blob=publicationFile&v=2. Zugegriffen: 25. Aug. 2020.

Mitscherlich, A. (1965). *Die Unwirtlichkeit unserer Städte.* Suhrkamp.

Muff, C. (2009). *Soziale Ungleichheit und Ernährungsverhalten.* In Medizinsoziologie Bd. 19 (Hrsg.) Knesebeck, LitVerlag Hopf Berlin. ISBN 978-3-634-80030-5.

NABU [Naturschutzbund] (2017). Arten im Klimawandel (Hrsg.). Naturschutzbund Deutschland e. V. https://www.nabu.de/tiere-und-pflanzen/artenschutz/08146.html. Zugegriffen: 30. Sept. 2019.

Navracsics, T. (2018). Weltatlas zur Desertifikation des Bodens.In (Hrsg.), Vertretung der Europäischen Union in Deutschland. https://ec.europa.eu/germany/about-us_de. Zugegriffen: 30. Sept. 2019.

Newman, L. S. (2014). Überblick über umweltbedingte Lungenerkrankungen. (Hrsg.) MSD – online- Informationsdienst. https://www.msdmanuals.com/de-de/heim/lungen-und-atemwegserkrankungen/umweltbedingte-lungenerkrankungen/%C3%BCbersicht-%C3%BCber-umweltbedingte-lungenerkrankungen. Zugegriffen: 6. Sept. 2019.

Nissen, R. (2019). Verfahrensgerechtigkeit. In Gabler Wirtschaftslexikon Springer Fachmedien Wiesbaden. https://wirtschaftslexikon.gabler.de/autoren/regina-nissen-422. Zugegriffen: 1. Okt. 2019.

Reuter, U. Kapp, R. (2012). Städtebauliche Klimafibel (Hrsg.) Ministerium für Wirtschaft, Arbeit und Wohnungsbau Baden-Württemberg https://www.staedtebauliche-klimafibel.de/?p=30&p2=4. Zugegriffen: 26. Sept. 2019.

Richter, M., & Hurrelmann, K. (Hrsg.). (2009). *Gesundheitliche Ungleichheit. Grundlagen, Probleme, Perspektiven. 2. Auflage; Social inequalities in health: Principles, problems, perspectives* (2. Aufl.). VS-Verlag.

RKI [Robert Koch Institut]. (2015). Gesundheitsbericht. In (Hrsg.), Robert Koch Institut Berlin. https://www.rki.de/DE/Content/Gesundheitsmonitoring/Gesundheitsberichterstattung/ GBEDownloadsT/migration.pdf?__blob=publicationFile. Zugegriffen: 28. Sept. 2019.

Schlicht, W. (2017). Urban Health, Springer Fachmedien, ISSN 2197–6708, ISSN 2197–6716 (electronic), ISBN 978-3-658-18653-1, ISBN 978-3-658-18654-8 eBook. https://doi. org/10.1007/978-3-658-18654-8. Zugegriffen: 5. Aug. 2019.

Schnorr, S. (2011). Singularisierung im Alter – Altern im Kontext des demographischen Wandels. In Reihe: Münchner Studien zur Erwachsenenbildung – Band 7. Lit Berlin, Münster, Wien, Zürich, London ISBN: 3643110456, EAN: 9783643110459 .https://www.socialnet.de/ rezensionen/12159.php. Zugegriffen: 30. Sept. 2019.

SenStadt [Senatsverwaltung für Stadtentwicklung und Umwelt Berlin]. (Hrsg.). (2013). Umwelt-atlas Berlin, aktualisierte Ausgabe 2017, Karte 07.05.1 Rasterkarte LDEN (Tag-Abend-Nacht-Lärmindex) Gesamtlärm Summe Verkehr. http://www.stadtentwicklung.berlin.de/umwelt/ umweltatlas/ia705.html. Zugegriffen: 11. Nov. 2019.

Silbernagl, St. et al. (2012). *Taschenatlas der Physiologie* (8. Aufl.). In (Hrsg.) Silbernagl, Thieme ISBN 978-3-13-567708-8. Zugegriffen: 19. Aug. 2022.

Stangl, W. (2019). aus Rost, D. H. (Hrsg.). (2019). Handwörterbuch pädagogische Psychologie. Online Lexikon für Psychologie und Pädagogik. https://paedagogik-news.stangl.eu/ sozialisation/. Zugegriffen: 23. Aug. 2019.

Tembrock, G. (2000). *Angst – Naturgeschichte eines psychobiologischen Phänomens*. Wissen-schaftliche Buchgesellschaft, Darmstadt.

UBA [Umweltbundesamt]. (2019). Stressreaktionen und Herzkreislauferkrankungen. https://www. umweltbundesamt.de/themen/verkehr-laerm/laermwirkung/stressreaktionen-herz-kreislauf-erkrankungen#textpart-1. Zugegriffen: 26. Sept. 2019.

UBA [Umweltbundesamt]. (2022). Fliegen. https://www.umweltbundesamt.de/umwelttipps-fuer-den-alltag/mobilitaet/flugreisen#hintergrund. Zugegriffen: 9. Juni 2022.

Umweltrat [Sachverständigen Rat Umwelt]. (1978). Beschreibung des Begriffs Umwelt. In (Hrsg.) Umweltrat. https://www.umweltrat.de/DE/Home/home_node.html. Zugegriffen: 4. Aug. 2019.

UVPG [Gesetz über die Umweltverträglichkeitsprüfung]. i. d. F. vom 24.02.2010 (BGBl. I/94)

UNO [United Nations Organization]. (2019). Klimawandel als Fluchtgrund.In (Hrsg.). Flücht-lingshilfe Bonn. https://www.uno-fluechtlingshilfe.de/informieren/fluchtursachen/klimawandel. Zugegriffen: 1. Okt. 2019.

WHO [Welt Gesundheitsorganisation]. Was sind elektromagnetische Felder? Gesundheitliche Wirkungen im Überblick. https://www.who.int/peh-emf/about/en/whatareemfgerman.pdf. Zugegriffen: 17. April 2021.

WHO [Word Health Organization] Regionalbüro Europa. (Hrsg.). (1986).*Ottawa Charta for Health Promotion*. WHO-autorisierte Übersetzung: Hildebrandt/Kickbusch auf der Basis von Entwürfen aus der DDR und von Badura sowie Milz. http://www.euro.who.int/__data/assets/ pdf_file/0006/129534/Ottawa_Charter_G.pdf?ua=1. Zugegriffen: 16. Sept. 2019.

Wolf, Ch. (2002). Wurzeln schlagen in der Fremde. Die Internationalen Gärten und ihre Bedeutung für Integrationsprozesse. oekom München.

Zahorsky, I. (2019). *Was ist geplante Obsoleszenz*. In: IT-Bussiness (Hrsg.) Vogel Communications Group GmbH & Co.KG https://www.it-business.de/was-ist-geplante-obsoleszenz-a-808115/. Zugegriffen: 25. Aug. 2019.

Weiterführende Literatur

Blank, B. (2012). *Interpendenz und Ressourcenförderung und Empowerment*. Budrich UniPress Ltd, Opladen, Berlin& Toronto http://dnb.d-nb.de. Zugegriffen: 26. Sept. 2019.

Böhme, Ch., Preuß, T., Bunzel, A., Reimann, B., Seidel-Schulze, A., & Landua, D. (2015). Umweltgerechtigkeit im städtischen Raum – Entwicklung von praxistauglichen Strategien und Maßnahmen zur Minderung sozial ungleich verteilter Umweltbelastungen. In: Umwelt und Gesundheit 01 (Hrsg.)Umweltbundesamt https://www.umweltbundesamt.de/sites/default/files/medien/378/publikationen/umwelt_und_gesundheit_01_2015.pdf. Zugegriffen: 6. Sept. 2019.

Böhnke, P. (2005). Teilhabechancen und Ausgrenzungsrisiken in Deutschland. In Zeitschrift für Politik und Zeitgeschichte (APuZ) 37/200 (Hrsg.) Statistisches Bundesamt und Bundeszentrale für politische Bildung, ISSN 04/79–611 X.

Fees, E. (2018). Gabler Wirtschaftslexikon Springer Fachmedien Wiesbaden. https://wirtschaftslexikon.gabler.de/definition/umweltvertraeglichkeitspruefung-48538/version-271789. Zugegriffen: 5. Aug. 2019.

Fenner, D. Mücke, H. G., & Scherer, D. (2015). Innerstädtische Lufttemperatur als Indikator gesundheitlicher Belastungen in Großstädten am Beispiel Berlins In: UMID Umwelt und Mensch 01. (Hrsg.) Senatsverwaltung für Stadtentwicklung und Wohnen Berlin und Umweltbundesamt https://www.umweltbundesamt.de/sites/default/files/medien/378/publikationen/innerstaedtische_lufttemperatur_30-38.pdf. Zugegriffen: 31. Aug. 2019.

Hornberg, C., Pauli, A., & Wrede, B. (Hrsg.). (2014). *Medizin – Gesundheit – Geschlecht: Eine gesundheitswissenschaftliche Perspektive*. Verlag, VS. https://doi.org/10.1007/978-3-531-19013-6,ISBN978-38-531-18321-3,SpringerFachmedien.

Hornberg, C. Claßen, T., & Brodner, B. (2016). Umweltbelastungen, Umweltressourcen und Gesundheit. In: Basisbericht Umweltgerechtigkeit im Land Berlin. (Hrsg.) Senatsverwaltung für Stadtentwicklung und Umwelt und Amt für Statistik Berlin-Brandenburg.

Hirschberger, P. Griesshammer, N., & Winter, S. (2021). Verbrannte Erde – Ursachen und Folgen weltweiter Waldbrände (Hrsg.) WWF Deutschland, https://www.wwf.de/fileadmin/fm-wwf/Publikationen-PDF/Wald/WWF-Studie-Verbrannte-Erde-Ursachen-Folgen-Waldbrand-Deutschland.pdf. Zugegriffen: 20. Aug. 2022.

Kappas, M. (2021). Klimatologie: Klimaforschung im 21. Jahrhundert – Herausforderung für Natur- und Sozialwissenschaften (2. Aufl.). Springer Spektrum. ISBN 978–3–662–62105–9 (eBook) ISBN 978–3–662–62104–2.

Nissen, R. (2019). Verfahrensgerechtigkeit In: Gabler Wirtschaftslexikon Springer Fachmedien Wiesbaden. https://wirtschaftslexikon.gabler.de/autoren/regina-nissen-422. Zugegriffen: 1.Okt. 2019.

RKI [Robert Koch Institut]. (Hrsg.). (2008). Beiträge zur Gesundheitsberichterstattung des Bundes, Kinder- und Jugendgesundheitssurvey (KiGGS) 2003–2006: Kinder und Jugendliche mit Migrationshintergrund in Deutschland. Gesundheitsberichterstattung, ISBN 978–3–89606–186–7.

Zens, M. (2011). Gesundheitliche Ungleichheit (*Health Inequalities*). Recherche Spezial, 3–2011. In (Hrsg.), GESIS Institut für Sozialwissenschaften https://nbn-resolving.org/urn:Nbn:De:0168-ssoar-371759. Zugegriffen: 31. Aug. 2019.

Zickfeld, K. Azevedo, D. Mathesius, S., & Matthews, D. H. (2021). Asymmetry in the climate–carbon cycle response to positive and negative CO_2 emissions In Nature Climate Change volume 11, pages 613–617 https://www.nature.com/articles/s41558-021-01061-2?utm_source=sn_RM&utm_medium=referral&utm_campaign=CONR_ALLPR_AWA1_GL_PMLS_HLT22_EARTH. Zugegriffen:15. Mai 2022.

Umweltgerechtigkeitsinstrumente als Ansatz für Politik und Gesellschaft

3

Umweltgerechtigkeit, Klimagerechtigkeit, Transformation der Gesellschaft, Wissensgesellschaft, Informations- und Kommunikationsgesellschaft, Arbeits(um)welt, Lebens(um)welt, Soziökonomie, Sozialisation, Arbeitssoziologie, Umweltzerstörung, Klimastörung, Stadtklima, Gesundheitsbelastung, Gesundheitsgerechtigkeit.

Der Umweltgerechtigkeitsansatz umfasst sowohl den Umgang und die Gestaltung der biologisch-ökologischen Umwelt, als auch die Arbeits- und Lebens(um)welt sowie die Herausforderungen, die sich aus der jahrzehntelangen anthropogenen Zerstörung der ökologischen Umwelt und der damit in direkter Verbindung stehenden Klimastörung auf lokaler als auch auf globaler Ebene derzeit abzeichnen. Einen wesentlichen Beitrag zur Umsetzung des Umweltgerechtigkeitsansatzes und damit für die Zukunftsfähigkeit von Städten und Gemeinden kann die Stadt-, Regional- und Kommunalplanung leisten. Die sich derzeit mit der Transformation von der Industriegesellschaft hin zur Wissensgesellschaft abzeichnenden Veränderungen werden auch zu einer grundlegend veränderten Gesellschaft führen. Arbeitszeiten, Arbeitsmodelle und die am Arbeitsplatz erwarteten Kompetenzen haben sich bereits in den letzten zwanzig Jahren rasant verändert. Dazu kommen sozialethische und sozialethnische Veränderungen gepaart mit sozioökonomischen Veränderungen. Einen Beitrag, diesen Prozess mitzugestalten, leistet der Umweltgerechtigkeitsansatz, der von dem ganzheitlichen Begriff der Umwelt gepaart mit dem sozialethischen Begriff des ‚Sozialen Raums' nach Bourdieu ausgeht.

3.1 Instrumente der Kommunal- und Städteplanung

Umweltleitplanung, Bauleitplanung, Baugesetzbuch, Bebauungsplan, Flächennutzungsplan, Beteiligungsverfahren, Partizipationsverfahren, Bürgerbeteiligung, Umweltgesetzgebung, Genehmigungsverfahren, Stilllegungsverfahren, Umweltgesetzbuch,

Umweltverträglichkeitsprüfung (UVP), Stadtklimatologie, Technologiefolgenbewertung, Umweltleitplanung, Schutzgutprüfung, Klimagerechtigkeit.

Welche Instrumente können für das Erreichen von Umweltgerechtigkeit eingesetzt werden? Wie wird eine Umweltverträglichkeitsprüfung für ein Planvorhaben durchgeführt? Welche Umweltkompartimente sind Gegenstand im Bewertungsverfahren einer Planung? Welche Bedeutung hat die Bewertung von Stadtklima, Bodenver- und Bodenentsiegelung? Welche Rolle spielen vorhandene Bodenkontaminationen? Welche Schutzgüter bedürfen der Bewertung in Planverfahren?

Urbane Planungsvorhaben sind komplexe Vorhaben, die insbesondere die Bevölkerung und deren soziale Strukturen berücksichtigen müssen. In diesem Kontext geht es um Umweltgerechtigkeit und um Gesundheitsgerechtigkeit. Die derzeit zur Verfügung stehenden Instrumente, mit denen urbane Planvorhaben vorbereitet und einer präventiven Prüfung unterzogen werden, ist die Umweltverträglichkeitsprüfung gemäß Umweltverträglichkeitsprüfungsgesetz (UVPG). Gleichzeitig sind wesentliche umwelt- und naturschutzbezogene Elemente im Rahmen des jeweiligen Planvorhabens im Vorfeld zu eruieren und zu bewerten. Dazu dient der durch die Bauleitplanung vorgeschrieben Bebauungsplan (B-Plan) nach BauGB. Die jeweiligen Schutzziele, die von einem Planvorhaben berücksichtigt werden müssen, umfassen die Ziele des Umweltschutzes, des Natur- und Landschaftsschutzes und des Gesundheitsschutzes. Zu den Umweltgerechtigkeitsinstrumenten gehören neben komplexen Planverfahren im Rahmen der Regional, Kommunal- und Stadtplanung auch die Verkehrswegeplanung und die investive Planung für Wirtschaftsansiedlungen unterschiedlicher Art. Es bedarf allerdings im Zuge von Genehmigungsverfahren auch der ordnungsbehördlichen Evaluation des Vorhabens (Grafe, 2018).

Dargestellt wird das Beteiligungsgeflecht nach der Prinzipien der Verfahrensgerechtigkeit[1] in Planverfahren.

Die Komponenten, die in Hinblick auf die jeweiligen Schutzziele geprüft werden müssen, sind schutzgutspezifisch (vgl. Abb. 3.2). Dabei muss geprüft werden, ob das Kompartiment infolge eines Planvorhabens nachteilig beeinträchtigt wird, und ob die realisierte Planung – meist eine Bebauung oder ein Rückbau – einen negativen, d. h. schädigenden, Einfluss haben kann. Es geht in diesem Fall also um ein Bebauungsfolgen Assessment (BDA) (BDA = *Building Development Assessment*). Dieses Assessment dient gleichermaßen einer Gesundheitsfolgenabschätzung (HIA) (HIA = *Health Impact Assessment* Abb. 3.1).

---

[1] Zur Vertiefung wird auf Grafe Umweltgerechtigkeit: Arbeit, Sozialisation, Teilhabe und Gesundheit (2021) verwiesen.

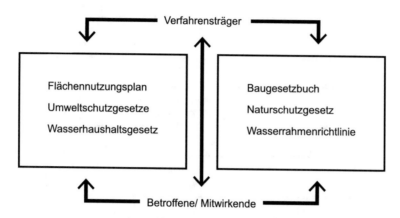

Abb. 3.1   Verfahrensgerechtigkeit – Beteiligung – Mitsprache

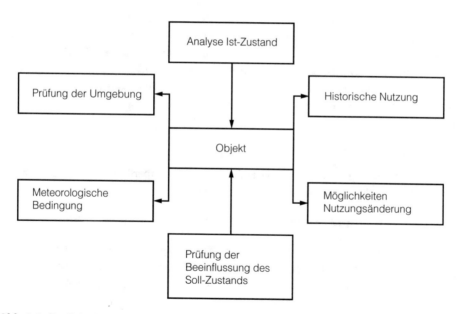

Abb. 3.2   Prüfkriterien für eine Bebauungsfolgenabschätzung

Prüf- und Bewertungsverfahren für Umweltweltschutz und Gesundheitsvorsorge

Für die Umweltgerechtigkeit gibt es bereits einen Umweltgerechtigkeitsansatz und eine definitorische Beschreibung. Für die Planung des bebauten Raumes gibt es eine Bau-leitplanung, die mit Hilfe von baugesetzlichen Regelungen, wie dem Baugesetzbuch (BauGB) ausgeführt wird. Für eine Umweltleitplanung gibt es das noch nicht, obwohl die Formulierung eines Umweltgesetzbuches von Experten schon seit längerer Zeit gefordert wird (Kujath & Moss, 1998). Mithilfe des Bundes-Bodenschutz-Gesetzes

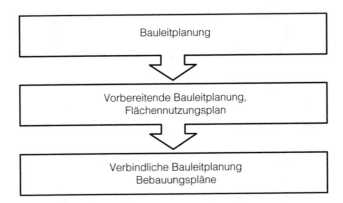

Abb. 3.3 Schematisch Darstellung der zweistufigen Bauleitplanung

(BBodSchG) und seiner untergesetzlichen Regelungen, dem Bundes-Immissions-schutz-Gesetz (BImSchG) und dessen untergesetzlichen Regelungen und mit Hilfe des Wasserhaushaltsgesetze (WHG) und der Wasserrahmenschutz-RL(WARL) werden Umweltschutzmaßnahmen per Gesetz formuliert und meistens in einem Beteiligungsver-fahren in den Kommunen umgesetzt[2]. Dazu kommt die nicht in jedem Falle verbindliche Umweltverträglichkeitsprüfung, die ein zeitintensives und langwieriges Verfahren dar-stellt.

▶   Die Umweltleitplanung hat das Ziel, Umweltbelastungen unter Abwägung von Umweltverträglichkeit in Bezug auf die Umweltkompartimente – Boden, Wasser, Luft – und der Gesundheitsverträglichkeit zu minimieren.

„Fehlt es am Willen oder an Erkenntnissen? Das ist hier die Frage". (Albers, 1996)

Ein wesentliches Regularium ist in diesem Zusammenhang die Bauleitplanung mit den Bauleitplänen im Sinne des BauGB und der Flächennutzungsplan (FNP). Für ent-sprechende Projekte werden verbindliche Bauleitpläne erstellt man (vgl. Abb. 3.3).

▶   Die Bauleitplanung ist ein Planungswerkzeug zur Lenkung und Ordnung der städtebaulichen Entwicklung einer Stadt oder Gemeinde in Deutschland. Sie wird zweistufig in einem formalen bauplanungsrechtlichen Verfahren vollzogen, das im Baugesetzbuch umfassend geregelt ist.

Das deutsche Baugesetzbuch – Vorgänger Bundesbaugesetz – regelt Gestaltung, Struktur und Entwicklung des besiedelten Raumes und die Bewohnbarkeit der Städte und Dörfer.

---

[2] Zur Vertiefung wird auf Grafe Umweltwissenschaften für Umweltinformatiker, Umwelt-ingenieure und Stadtplaner (2018) verwiesen.

Wenn unter Bewohnbarkeit verstanden wird, dass die gebaute Stadt (engl. *built environment*) damit angesprochen wird, stehen die Fragen der Gesundheitsverträglichkeit (engl. *health tolerance*) bzw. der Gesundheitsbeeinträchtigung (engl. *impairment to health*) ihrer Bewohner zur Debatte. Das heißt im Umkehrschluss, dass mit dem BauGB ein Instrumentarium zur Verfügung steht, das geeignet ist, maßgeblichen Einfluss auf den Schutz der Umweltkompartimente und sozialräumliche Belange zu nehmen. Gleichzeitig sind Maßnahmen, die der Vorbeugung von Gesundheitsbeeinträchtigungen infolge von Bebauung dienen, in ihm nicht abgebildet. Im BauGB ist für die praktische Ausführung von Baumaßnahmen der sogenannte Bebauungsplan (B-Plan) gesetzlich verankert. Gesetzlich verankert sind zudem keine Maßnahmen, die der Verhinderung von stadtklimatischen Belastungen infolge von Bebauung dienen.

▶ Ein Bebauungsplan regelt in Deutschland die Art und Weise einer möglichen Bebauung von Grundstücken. Darüber hinaus regelt er aber auch die von einer Bebauung frei zu haltenden Flächen.

Basis für die Planungen im öffentlichen Raum ist der jeweilige Flächennutzungsplan (FNP). In ihm ist festgelegt, welche zukünftigen bzw. absehbaren Nutzungen des Bodens der Gemeinde möglich sein können. Gesetzlich geregelt sind die Inhalte eines Flächennutzungsplanes im § 5 des (BauGB).

▶ Ein Flächennutzungsplan ist für ein gesamtes Gemeindegebiet die voraussichtliche Art der Bodenordnung.

Die aktuelle Gesetzgebung (Stand 2022) regelt weder in der Bundesrepublik Deutschland noch in der Europäischen Union verbindliche Verfahren für Umwelt- und Gesundheitsgerechtigkeit auf kommunaler oder regionaler Ebene. Obwohl hinreichende evidente wissenschaftliche Erkenntnisse zum Zusammenhang von Art der Bebauung, Art der Baustrukturen, der Verkehrswege und Versiegelung des Bodens mit stadtklimatischen Veränderungen mit Gesundheitsrelevanz vorliegen, wird dies nicht im Gesetz verankert. Im gleichen Kontext fehlt die explizite Diskussion zum Anteil der gebauten Umwelt an der globalen und lokalen Klimabeeinflussung[3].

---

[3] Zur Vertiefung wird auf Grafe Umwelt- und Klimagerechtigkeit; Digitalisierung, Energiebedarfe, Klimastörung und Umwelt(un)gerechtigkeit (2021) verwiesen.

3.2   Instrumente der Raumplanung und deren Sozialkomponenten

Welche tragenden Komponenten enthält die Raumplanung? Welche Gerechtigkeits-aspekte muss eine Raumplanung enthalten? Welche Rolle spielen Verteilungsge-rechtigkeit, Zugangsgerechtigkeit und Teilhabegerechtigkeit im Partizipationsprozess der Raumplanung?

Der zentrale Fokus der Raumplanung liegt neben der Sicherstellung von ökologischen und klimabezogenen Funktionen im Raum unter Berücksichtigung von Umwelt-gerechtigkeit im Hinblick auf Vermeidung von gesundheitlichen Belastungen von Menschen. Während die ökologische Raumplanung die Verknüpfung von Umwelt mit der ökologischen Vorsorge im klassischen Verständnis vorsieht, stehen im Rahmen des Ressourcenmanagements die Zugangsgerechtigkeit und die Verteilungsgerechtigkeit im Mittelpunkt. Insbesondere ist die Verteilungsgerechtigkeit im Hinblick auf die Ressource Boden und deren Nutzung ein Themenfeld, das die Raumplanung beschäftigt (vgl. Abb. 3.4).

Die Raumplanung beschäftigt sich auch mit den speziellen Problematiken von Gebieten, die ihrerseits von sozialen bzw. sozioökonomischen Besonderheiten gezeichnet sind (Kluge et al., 2017). Dabei wird ein Diskurs über die Vorteile zentraler Konzentration oder dezentraler Tendenzen in der Siedlungsentwicklung geführt. Nach Finke (1998) ist der dezentralen Siedlungsentwicklung, insbesondere in Hinblick auf den ökologischen Aspekt, ein Vorzug einzuräumen (vgl. Abb. 3.5, 3.5).

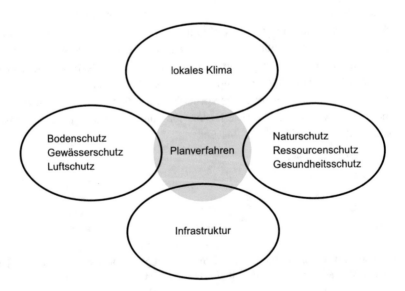

Abb. 3.4   Komponenten der Raumplanung

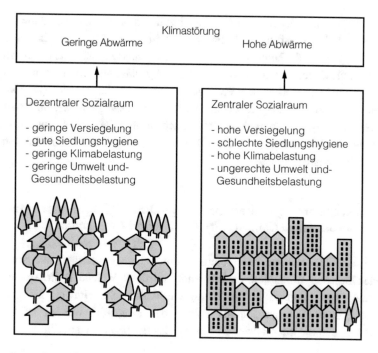

Abb. 3.5 Gegenüberstellung von zentraler und dezentraler Siedlungsentwicklung im Hinblick auf Umweltgerechtigkeit

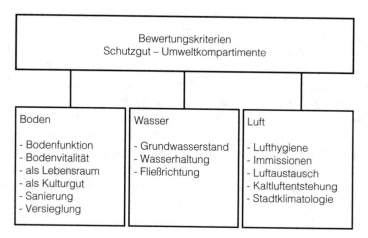

Abb. 3.6 Schutzgutbewertungskriterien: Umweltkompartimente

Die dezentrale Siedlungsentwicklung wird auch unter dem Gesichtspunkt des Umweltgerechtigkeitsansatzes bevorzugt, weil diese mit der ökologischen Normierung einer Siedlungsentwicklung mögliche gesundheitsrelevante Komponenten aus sozialethischer Sicht abdecken kann. Das impliziert auch den Handlungsbedarf für den Erhalt und die Schaffung von Freiräumen in den Städten, die insbesondere der Erholungsfunktion und damit der Gesundheitsprävention städtischer Bevölkerungs- gruppen dienen. Zudem ist diese Art der Siedlungsplanung, wenn sie ausausgewogen erfolgt, klimaunterstützend, da der Versiegelungsgrad und die Wärmeabgabe kleiner und der Anteil des Kohlendioxidspeichers größer ist. Der Ausweg aus diesem Dilemma wird derzeit sehr einseitig diskutiert. Man setzt, auch infolge der sich rasant entwickelnden Bevölkerung, auf Verdichtung und Hochbau und produziert so Raumreduktion mit den Folgen von Entsozialisierung[4].

3.2.1 Umweltverträglichkeitsprüfung – Umweltfolgenabschätzung (Environmenta Compability Testing and Assessment)

Welche Aspekte müssen im Rahmen einer Umweltverträglichkeitsprüfung für ein Planvorhaben prinzipiell berücksichtig werden? Welche Rolle spielen bei der Bewertung des Eingriffs in die biologisch-ökologische Umwelt die gesundheits- relevanten Beeinträchtigungen als Folgen des Eingriffs? Werden im Zuge einer Bewertung auch die internalisierten Kosten[5] des Eingriffs bewertet?

Der Umweltverträglichkeitsansatz bezieht sich auf die Erkenntnisse über schädigende Beeinflussungen und deren Bewertungen auf die Umweltkompartimente. Der Fokus liegt auf der Fragestellung, wodurch werden die Umweltkompartimente in ihrer Funktion durch menschliche Vorhaben, wie Bebauung, Bodenversiegelung, Verkehrswegbau und Ansiedlung von Industrie und Gewerbe, Windparks und agrarwirtschaftliche und tier- wirtschaftliche Großanlagen und weitere gestört (Grafe, 2018). Die Umweltverträglich- keitsprüfung dient dazu, zu prüfen, ob und wenn ja in welchem Maße die Ausführung einer Planung negative Einflüsse auf die Umweltkompartimente inkl. des lokalen Klimas hat. Damit verfolgt sie das Ziel, eine schädigende Beeinflussung der drei Umwelt- kompartimente zu vermeiden. Es gilt zu prüfen, ob die geplante Nutzung an den vor- gesehenen Ort überhaupt möglich ist. Mit der Einführung einer gesetzlich fundierten Umweltverträglichkeitsprüfung nach EG-Richtlinie 97/11/EG v. 3. März 1997 wurde ein Baustein gelegt, der primär die Schutzziele der Umweltkompartimente im Fokus hat. Sie umfasst auch die Prüfung auf ökologische Belange. Gesundheitliche Beeinträchtigungen, wie Lärm, Schadstoffe in der Luft, Lichtimmissionen oder Verlust an Freiräumen etc. sind nicht explizit benannt. Allerdings gibt es über fachbezogenes Verwaltungshandeln

---

[4]Zur Vertiefung wird auf Grafe Umweltgerechtigkeit: Arbeit, Sozialisation, Teilhabe und Gesund- heit (2020) verwiesen.

[5]Zur Vertiefung wird auf Grafe Umweltgerechtigkeit – Wohnen und Energie 2020 verwiesen.

Abb. 3.7 Schutzgutbewe
rtungskriterien: Natur- und
Landschaftsschutz

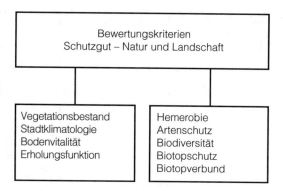

die Möglichkeit, die geplanten Maßnahmen im Hinblick auf mögliche Gesundheitsbeeinträchtigungen zu bewerten.

„Eine Umweltverträglichkeitsprüfung ist eine durch das EU-Recht vorgeschriebene
umfassende Überprüfung eines öffentlichen oder privaten Vorhabens oder eines Plans bzw.
Programms auf dessen Umweltverträglichkeit. Sie umfasst die systematische und vollständige Ermittlung der ökologischen Folgen einer Maßnahme mit umweltbeeinflussenden
Folgen über den gesamten Planungsprozess. Für private Maßnahmen besteht keine Pflicht
zur Umweltverträglichkeitsprüfung. Umweltwirkungen genehmigungsbedürftiger Vorhaben werden jedoch im Rahmen von Genehmigungsverfahren geprüft. Spezialgesetze wie
Bundesbau-, Bundesfernstraßen-, Flurbereinigungs-, Bundeswaldgesetz enthalten die Pflicht
zur Beachtung von Umweltwirkungen. Für öffentliche Maßnahmen gibt es zahlreiche
Rechts- und Verwaltungsvorschriften zur Umweltverträglichkeitsprüfung" (Fees, 2018).

In der Zwischenzeit ist die Umweltverträglichkeitsprüfung (UVP) (EIA = *Evironmentel
Impact Assessment*) mehrfach den sich verändertem Stand von Wissenschaft und Technik
angepasst worden. Letzte Anpassung der UVP-Richtlinie erfolgte in 2014. Darüber
hinaus wird die Umweltverträglichkeitsprüfung vom UVPG[6] gestützt.

Umweltverträglichkeitsuntersuchungen sind geeignet, Vorhabenfolgen (PIA)
(PIA = *Project Impact Assessment*) abzuschätzen und ggf. alternative Strategien für Vorhaben zu entwickeln. In der UVP ist die Klimawirkung auf Natur und Landschaft nicht
explizit benannt (vgl. Abb. 3.7). Ein Mangel der dringend behoben werden muss, und
dass nicht nur deshalb, weil derzeit ein Aufbruch in Richtung Klimaschutz in Gange ist.
Aufgenommen werden müssten klimarelevanten Prüfkriterien für den Erhalt von Sauer-
stoffproduzenten, Diversitätskriterien in Sachen Artenschutz, Kaltluftschneisen und
weiteren.

Die Prüfung erfasst ebenfalls nicht das individuelle Verhalten der Menschen gegenüber von Natur und Landschaft. Nach wie vor trägt aber das individuelle Verhalten
der Menschen maßgeblich zur Schädigung ihrer Lebensgrundlage und der anderer

---

[6] UVPG: Umweltverträglichkeitsprüfungsgesetz.

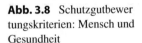

Abb. 3.8 Schutzgutbewertungskriterien: Mensch und Gesundheit

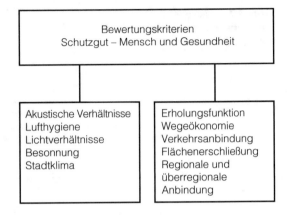

Organismen bei. Ein Hinweis darauf, dass es weltweit an Wissensvermittlung in Sachen Umweltschädigungen infolge des individuellen menschlichen Handels fehlt[7]. Ähnlich wie das Fehlen von explizit aufgeführten, fehlen auch explizit genannte Prüfkriterien für das Schutzgut Mensch und Gesundheit in der UVP. Eine explizite Aussage zu möglichen Gesundheitsbelastungen der Menschen durch entstandene Umweltschäden oder Beeinflussungen erfolgte mit der Überarbeitung der UVP-Richtlinie nicht. Der Leitsatz – Umweltschutz bedeutet auch Gesundheitsschutz – fehlt. Obwohl in der UVP eine Aussage zum Gesundheitsschutz fehlt, haben sich jedoch in der Praxis Gesundheitsschutzziele etabliert (vgl. Abb. 3.8). Das Fehlen von ganzheitlicher und damit nachhaltig wirkender Juristifikation der Umweltbeeinflussungen, die im Ergebnis einer UVP ermittelt werden, ermöglicht allerdings einen breiten Ermessenspielraum für alle beteiligten Akteure, so dass eine verifizierbare Auswertung des tatsächlichen Standes der Umsetzung fehlt. Dies auch vor dem Hintergrund eines fehlenden Umweltgesetzbuches und einer explizit ausgeführten Gesundheitsverträglichkeitsprüfung. Wünschenswert wäre, und dass mit zunehmender Dringlichkeit, den Umweltgerechtigkeitsansatz mit seinen Herausforderungen im BauGB zu verankern (Reiß-Schmidt, 2017).

Ebenso ist derzeit die Einbindung klimabezogener Parameter, insbesondere der wertsetzenden stadtklimatischen Faktoren in die Schutzgutabwägung nicht explizit abgebildet. Das betrifft sowohl die Flächen des überbauten Bodens, z. B. durch weitläufige mit Glasdach versehene Lichthöfe oder Fassaden oder auch großflächig angelegte Logistikzentren mit den dazugehörenden Straßenversiegelungen etc. Im Rahmen von Planverfahren, insbesondere bei Bebauungen einhergehend mit einem Bodenaushub, ist es erforderlich, Bodenkontaminationen zu ermitteln bzw. diese zu beheben. Nicht selten werden im Zuge von Bebauung Bodenkontaminationen beseitigt. Diese Art von Sanierung dient der Umwelt- und der Gesundheitsvorsorge. Immanenter Bestandteil der

---

[7] Zur Vertiefung wird auf Grafe Umweltgerechtigkeit: Wissens- und Bildungserwerb, Teilhabe und Arbeit (2020) verwiesen.

Abb. 3.9 Umweltschutz
– Umweltvorsorge –
Gesundheitsprävention

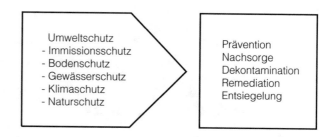

Vorhabenplanung ist die nach Bodenschutzgesetz vorgesehene Altlastenprüfung. Nicht immer steht ein flächendeckendes Altlastenkataster oder ein Bodenbelastungskataster in Form eines FIS[8] für die Gefährdungsbeurteilung eines Bauvorhabens den zuständigen Behörden zur Verfügung, sodass eine Bodenbeprobung notwendig wird. Im Ergebnis dieser Beprobung muss Entschieden werden, ob der Boden im Zuge der Baumaßnahme saniert werden muss (vgl. Abb. 3.9).

3.2.2   Gesundheitsverträglichkeitsprüfung – Gesundheitsfolgenabschätzung *(Health Compatibility Testing and Assessment)*

Wann Ist eine Gesundheitsverträglichkeitsprüfung für ein Planvorhaben von immanenter Bedeutung? Was leistet eine Gesundheitsverträglichkeitsprüfung? Kann eine Gesundheitsverträglichkeitsprüfung eines Planvorhabens zur Minderung von Gesundheitskosten führen? Warum wäre eine gemeinsame Umwelt- und Gesundheitsverträglichkeitsprüfung für Projekte, bauliche Vorhaben etc. ein Gewinn für die Gesundheit und das Klima?

Während die UVP eine Umweltfolgenabschätzung im Fokus hat, liegt der Fokus der Gesundheitsverträglichkeitsprüfung (GVP) auf der Gesundheitsfolgenabschätzung. Da eine gesetzlich verankerte GVP es derzeit nicht gibt, existiert auch hier eine exorbitante Fehlstelle im Geflecht von Gerechtigkeit und Verantwortung. Eine GVP für Planvorhaben muss als Instrument der öffentlichen Vorsorge zwingend erstellt werden. GVP und UVP könnten maßgebliche Beiträge für die Ziele von Umweltgerechtigkeit und Gesundheitsgerechtigkeit leisten (vgl. Abb. 3.10).

Für alle drei Umweltkompartimente sind Prüfkriterien so zu entwickeln, dass eine Entscheidung über das ob und wie eine ganzheitliche Folgenabschätzung einer Stadtplanung (engl. *impact assessment of urban planning*) ermöglicht werden kann. Wobei neben dem derzeitigen Fokus auf eine Balance von Nutzungsart und Nutzungsfolgen

---

[8] FIS: Fachinformationssystem.

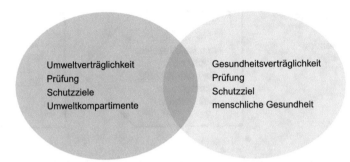

Umweltverträglichkeit
Prüfung
Schutzziele
Umweltkompartimente

Gesundheitsverträglichkeit
Prüfung
Schutzziel
menschliche Gesundheit

Abb. 3.10 Darstellung des Zusammenhangs von UVP und GVP Es wird der Zusammenhang von Umweltverträglichkeitsprüfung und einer zu gestaltenden Gesundheitsverträglichkeitsprüfung dargestellt

notwendigerweise auf mögliche Beeinträchtigungen der Gesundheit inkl. der Klimafolgen gelegt werden muss. Eine vorausschauende Planung im Hinblick auf Umweltgerechtigkeit und damit Gesundheitsgerechtigkeit ist zwingend erforderlich. Nutzungsfolgen können Gesundheitsbeeinträchtigungen von Menschen oder die Zerstörung von kleinräumigen Ökosystemen sein. Schon eine großflächige Versiegelung und Verdichtung des Bodens durch Baukörper führt zu erheblichen stadtklimatischen Beeinträchtigungen und zur Verschlechterung des lokalen Bioklimas. Wenn noch eine ungünstige geographische Lage dazu kommt, kann es zu erheblichen gesundheitlichen Belastungen der unmittelbaren Anwohnerschaft kommen. Da stadtklimatische Faktoren immer auch von den ortstypischen meteorologischen Verhältnissen abhängig sind, ist für ein gesundes Bioklima die Ausrichtung von Bebauungsstrukturen im lokalen Windfeld von großer Bedeutung (ZAMG, 2021; DeuStäT, 2012; TU, 202; Blättner & Grewe, 2019) (vgl. Abb. 3.11).

Dargestellt wird die Ausbildung einer Wärmeinsel infolge einer Blockrandbebauung, die den Zufluss von Kaltluft verhindert und die lokalen bioklimatischen Verhältnisse verschlechtert. Die vor der Bebauung vorhandene Brache diente als Kaltluftschneise – sie wurde zur Wärmeinsel.

Stadtklimatischen Faktoren werden maßgeblich von Schadstoffen und Stäuben in der Luft, von Luftfeuchtigkeit und Wärme bestimmt. Sie hängen von Bodenversiegelung, Dicht- und Hochbebauung, dem Vorhandensein von Kaltluftschneisen und Wärmeinseln im näheren Umfeld ab. Hoher Versiegelungsgrad, Dicht- und Hochbebauung führen zur Entstehung von sogenannten Düseneffekten und Kaminzügen, in denen erhöhte Windgeschwindigkeiten durch Kanalisation der einströmenden Luftmassen abhängig sind (vgl. Abb. 3.12).

Dargestellt wird die Ausbildung von Kaminzügen infolge des Düseneffekts als Windkanal bei Hochbebauung.

Mit der Anordnung von Baukörpern sind Windkamine und Immissionswalzen zu vermeiden Während Windkamine für einen starken Austrag von Feuchte bewirken, nehmen

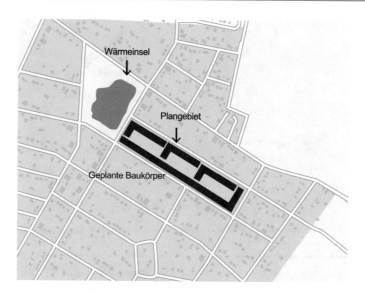

Abb. 3.11 Entstehung von bioklimatischen Veränderungen infolge von Bebauungsstrukturen (verändert nach GEO-NET, 2017)

Abb. 3.12 Bebauungsstruktur und Stadtklima (verändert nach Funk, 2011)

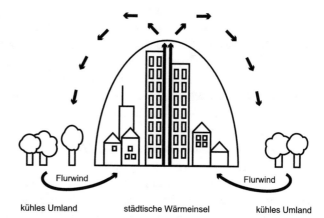

Immissionswalzen infolge von ständiger Anströmung an ein Hindernis hohe Schadstoffkonzentrationen auf. Die anströmende Luft nimmt aus den unteren Luftschichten Schadstoffe und Stäube auf und strömt das Hindernis immer wieder an – es entsteht eine immer größerer Schadstoff- und Staubkonzentration in der sich mit Schadstoffen und Stäuben anreichernden anströmenden Luft (vgl. Abb. 3.13).

▶ Als Immissionswalze wird eine Luftströmung bezeichnet, die an natürlichen und künstlichen Hindernissen entsteht. Dabei kommt es zur Erhöhung der Konzentration von Schadstoffen und Stäuben in der immer wieder anströmenden Luft am Hindernis.

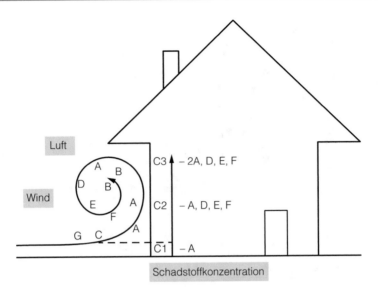

Abb. 3.13 Vereinfachte Darstellung von Immissionswalzen

Die bodennahe Atmosphäre, ugs. Luft, die die Menschen einatmen müssen, ist physikalisch betrachtet ein Aerosol, das im Wesentlichen die Gase Stickstoff, Kohlendioxid, Kohlenmonoxid, Sauerstoff, einige Edelgase und Wasser enthält. Das Aerosol ‚Luft' enthält daneben auch noch jahreszeitlich bedingt verschiedene biologische und biogene Komponenten. Seine konkrete Zusammensetzung ist von vielen äußeren Faktoren abhängig. Während der Entwicklung einer Immissionswalze reichert sich das Aerosol mit unterschiedlichen Komponenten an. Je größer die Immissionswalze ist, desto größer ist der *Impact* im Aerosol Luft.

Darstellung der Aufkonzentration des Aerosols mit Schadstoffen und Partikeln an einer Fassade, die von der Luft angeströmt wird.

Das innerstädtische Aerosol hat einen maßgeblichen Anteil am Wohlbefinden der Menschen und damit an deren Gesundheit. Je mehr Kaltluftschneisen verbaut werden, desto schlechter wird das Stadtklima, desto mehr Wärmeinseln entstehen zwangsläufig. Die Durchwindung der Stadtstruktur wird behindert, der Austrag von Schadstoffen wird gemindert. Gleichzeitig verändern sich die stadtklimatischen Verhältnisse – die lokalen Temperaturen steigen an. In Hinblick auf die Gesundheitsrelevanz von stadtklimatischen Verhältnissen wird der Begriff des Bioklimas verwendet.

▶   Bioklima wird bestimmt durch die Gesamtheit aller klimawirksamen Effekte auf Organismen. Dazu gehören alle lokalen meteorologischen Bedingungen u. a. Wärmestrahlung, UV-Strahlung, Licht als elektromagnetische Strahlung, Luftfeuchte.

Als wertsetzende Indikatoren für das Bioklima werden die sog. Wohlfühltemperatur (PMV) und der Wert der physiologisch unbedenklichen Temperatur (PET) herangezogen. Während der jeweilige PMV empirisch mit Hilfe von Interviews ermittelt wird, können die Werte für den PET messtechnisch erfasst werden.

▶   Die Abkürzung PMV steht für erwartete durchschnittliche Empfindung und ist ein Wert, der den Grad der Behaglichkeit oder Unbehaglichkeit beschreibt.

   Die Abkürzung PET steht für einen Temperaturindex, der die unbedenkliche Wärme für die physiologischen Prozesse des Menschen angibt.

Die Anwendung des PET kann für das Bewerten von klimabedingten Mortalitätsraten genutzt werden (Sharafkhani, 2018). Die klimabezogene Gesundheitsrelevanz, insbesondere die aus stadtklimatischer Sicht, steht zunehmend im Fokus von Stadtplanung und Umweltgerechtigkeit (Robine, 2007). Bereits 2004 wurde eine größere Studie über den Zusammenhang von Klimaänderung, insbesondere der Hitzeeinwirkung von der WHO in Auftrag gegeben (Koppe, 2005). Besonders betroffene Großgemeinden wie Stuttgart und Ballungsgebiete in Nordrhein-Westfahlen sowie in Hessen und Baden-Württemberg haben die stadtklimabezogene Handlungsweisen für Planungsvorhaben entwickelt (Blättner & Grewe, 2019; Reuter, 2012).

Regularien – Indikatoren – Faktoren
Infolge der Erkenntnisse über umweltbezogene gesundheitliche Belastungen infolge von Bodenkontaminationen, Immissionen in der Atmosphäre und Kontaminationen der Gewässer (Aquifer) wird mit Hilfe von rechtlichen Regularien der Prävention und der ordnungsbehördlichen Ahndung Rechnung getragen (Grafe, 2018). Es wurden Richt-, Grenz-, Maßnahme- und Vorsorgewerte nach Stand der Wissenschaft bzw. Stand der Technik festgelegt, mit deren Hilfe es möglich wurde und ist, schädigende Beeinflussungen von Natur und Mensch zumindest zu minimieren. Sie sind sogenannte dynamische Werte, da sie nach dem jeweiligen Stand der Wissenschaft über Wirkung und Folgen festgelegt werden. Sie basieren auf einer evidenten Datenlage und dienen der öko- und humantoxikologischen Bewertung von Stoffen, Konzentrationen, Mengen und Expositionen.

▶   Ein Richtwert ist ein empfohlener Zielwert für eine Kontamination[9] bzw. Immission, der eingehalten werden sollte, um human- und ökotoxikologische Schäden zu vermeiden.

Häufig sind Richtwerte Vorläufer von Grenz- und Maßnahmewerten. Richtwerte können sich in Abhängigkeit vom Wissenstand über die schädliche Beeinflussung ändern. Man zählt sie deshalb zu den dynamischen Werten.

---

[9] Kontamination: ist eine Schadstoffanreicherung im Boden oder im Aquifer (Gewässer).

▶   Ein Grenzwert ist ein gesetzlich verankerter Wert, der nicht überschritten werden darf.

Da Grenzwerte in aller Regel Richtwerten folgen, sind auch Grenzwerte abhängig vom Stand des Wissens und damit dynamisch. Eine Besonderheit stellen die Maßnahmewerte dar, weil sie sich ausschließlich auf das Umweltkompartiment Boden beschränken.

▶   Ein Maßnahmewert ist ein ermittelter Kontaminationswert für Schadstoffe im Boden, der eine Dekontamination (Sanierung) erfordert.

Sie spielen eine entscheidende Rolle, wenn es um den Gesundheitsschutz im Zusammenhang mit Bodenkontaminationen geht. Maßnahmewerte[10] sind abhängig von einer Gefährdungsbewertung. Sie werden für die Bewertung der Bodennutzung, der Gefährdung des Grundwassers und damit der Nahrungskette genutzt. Sie stellen insofern eine wichtige Quelle für die Gesundheitsgefährdung der Menschen dar.

Werden für Kontaminationen festgelegte Maßnahmewerte erreicht, so müssen zwangsläufig Maßnahmen ergriffen werden, um eine Gefährdung der Gesundheit zu verhindern.

In der Bundesrepublik Deutschland werden die Schutzziele für den Boden im Bundes-Bodenschutz-Gesetz (BBodSchG) definiert, dessen untergesetzliche Regularien die Durchsetzung zur Schutzzielerreichung ermöglichen. Dazu gehört unter anderem die Bundes-Bodenschutz- und Altlastenverordnung (BGBL, 2017). Die gesetzlich festgelegten Werte, die meist als Messgrößen angegeben werden, dienen der Vermeidung von Schäden in den Umweltkompartimenten und dienen der Gesundheitsprävention. Sie werden im Umkehrschluss für die Einschätzung der schädigenden Wirkung in Hinsicht auf die Ökosysteme aber auch mit Blick auf die Nahrungskette und damit der der Gesundheit herangezogen. Bestimmte Schwermetalle oder auch Insektizide werden durch Pflanzen aufgenommen und gespeichert. Infolge der Kumulation der Schadstoffe in Wurzeln und Blättern kommen diese Schadstoffe in die Nahrungskette. Sind diese Stoffe bioakkumulativ, reichern sie sich sukzessive in der Nahrungskette an. Viele dieser Stoffe können biologisch nicht abgebaut werden, d. h. diese Stoffe können nicht oder nur in sehr langen Zeitfenstern im Organismus zu weniger gesundheitsschädlichen Stoffen abgebaut werden. Ihre Abbaubarkeit ist sehr stark eingeschränkt und die Zeiten

---

[10] Maßnahmewerte für eine Gefährdungsbeurteilung werden nach dem Stand der Wissenschaft festgelegt.

Tab. 3.1 Einsatzbeispiele für die Anwendung von Stoffen als Additiva[*] eine Auswahl

Hersteller/Branche	Verwendung als Additiv
Elektrotechnik/Elektronik	Isoliermittel/Isolieröle
Geräte und Verpackung	Gehäuse und Verpackungsmaterial Kunststoffzusatz
Bauwirtschaft	Fugenmaterial, Betonzusatzstoffe, Brand- und Feuerschutz-materialien
Innenraumausstattung	Heimtextilien und Möbel
Schuh-/Textindustrie	Schuhe, Sport- und Outdoor-Bekleidung

[*]Addtiva (Sing. Additiv): Zusatzstoff zur Verbesserung der Gebrauchseigenschaften des Produktes. Dazu gehören u. a. auch die sog. Weichmacher

ihres Abbaus extrem lang. Die Abbauzeiten können bis zu mehr als 140 Jahre betragen. Diese Stoffe sind mit der Stockholmer Konvention als persistente Schadstoffe (POP) (POP = *Persistent Organic Pollutions*) eingestuft und unterliegen einer strengen behörd-lichen Kontrolle. Einige dieser Stoffe werden zu gesundheitsschädlicheren Stoffen abgebaut als der Schadstoff selbst (Grafe, 2018; Fuhrmann, 2007).

Stockholm Konvention[11]

> Die Stockholmkonvention trat am 17. Mai 2004 in Kraft. Der Text der Konvention wurde 2009, 2011 und 2013 durch die Aufnahme von weiteren als POP ein-gestuften Chemikalien in den Anhängen A, B und C erweitert, indem der Stand der Wissenschaft berücksichtigt wurde.

Zu einer solchen Stoffgruppe gehören auch die sogenannten Weichmacher, welche anderen Stoffen zur Verbesserung ihrer haptischen Eigenschaften zugesetzt werden – harte Werkstoffe werden durch den Zusatz dieser Stoffe weich. Solche Zusatzstoffe werden auch als Additiva (sing. Additiv) bezeichnet. Der Einsatz von Additiva, die zur Gruppe der POP gehören, wird in der Zwischenzeit streng überwacht. Die gesund-heitliche Relevanz dieser Stoffe ist evident (Reichel, 2002). Ein großer Teil der in der Vergangenheit in großen Mengen eingesetzten Weichmacher ist in der Zwischenzeit verboten. Ihre Präsenz ist jedoch in der Gegenwart noch deutlich. In Tab. 3.1 sind Ein-satzbeispiele für ausgewählte Additiva und deren Verbreitung in der Produktpalette exemplarisch aufgelistet.

---

[11] Die Stockholmkonvention ist ein internationales Übereinkommen zur Beendigung bzw. der Ein-schränkung, Verwendung und Freisetzung von POP.

Ein großer Anteil der in der Vergangenheit eingesetzten Additiva dürfen seit geraumer Zeit weder im Endprodukt noch im Herstellungsprozess für Produkte in den Ländern der europäischen Union und einer Reihe anderer Staaten, wie den USA und weiteren, verwendet werden (Bänsch-Baltruschat, 2019). Trotzdem sind diese Stoffe noch immer ubiquitär vorhanden – nämlich in Wohnbauten, in Wohnungen und aufgrund ihrer Persistenz auch in der Nahrungskette. Dese Stoffe treten im Verlaufe ihrer Gebrauchszeit aus den Produkten aus, was sich durch eine Verhärtung und Brüchigkeit des Produkts zeigt. Die vom Produkt abgegebenen Stoffe – Emissionen – gelangen in die Luft. Infolge der Transferprozesse in den Boden und in das Aquifer erreichen sie die Nahrungskette. Die jeweiligen Emissionswerte, die z. B. für Geräte und Anlagen gelten, dienen dem Schutz vor Gefährdungen. Diese Werte sind in den jeweils fachlich zugeordneten Regularien, wie Verordnungen, Richtlinien, Normierung nach DIN (Deutsches Institut für Normung) und DIN EN (Europäische DIN) sowie nach der US Norm EPA (EPA = *Environmental Protection Agency*) enthalten. Festgelegte Kontaminationswerte bzw. Immissionswerte dienen sowohl umweltrelevanten als auch gesundheitsrelevanten Bewertungen.

▶   Eine Emission ist die Abgabe von umwelt- und gesundheitsschädigenden Stoffen bzw. physikalischen Einflüssen, wie Strahlung und Staub.

Infolge der Verteilung von Emissionen in der Luft sind die Emissionswerte an der Quelle ihrer Entstehung zwangsläufig größer/höher als die in der Luft gemessenen.

▶   Eine Immission entsteht durch Anreichern von Emissionen in der Luft.

Jede Emission wird zwangsläufig zu einer Immission, insofern spricht man bei jedweder umweltbezogenen Belastung der Luft von Immission. Dabei kann es sich um klimarelevante Gase, jedwede Art von Stäuben oder auch um Strahlung handeln. Für die meisten technischen Geräte werden deren Emissionswerte in der Gerätebeschreibung angegeben. Die Emissionswerte sind vermerkt. Beim Kauf eines Gerätes, wie Drucker, Kühlschrank, Waschmaschine, Motorrad, Rasenmäher, Hubschrauber und so weiter können die entsprechenden Emissionswerte, wie z. B. Betriebsgeräusche in dB(A)[12] oder auch mögliche Abgasemissionen nachgelesen werden. Die Hersteller sind verpflichtet, diese Angaben in der technischen Betriebsbeschreibung oder den technischen Handbüchern anzugeben. Da alle Emissionen zu Immissionen werden und diese in unterschiedlicher Art und Weise eine Beeinträchtigung von Umwelt und Gesundheit darstellen können, ist es notwendig, die Verbraucher bzw. Nutzer auf diesem Wege zu informieren. Die Kenntnis und das Bewusstsein für die Problematik seitens der Nutzer über

---

[12] dB(A): Dezibel gehörbewerteter Schalldruck; Physikalische Einheit für den Schalldruck umgs. auch Lärm genannt.

Emissionen, die von Geräten ausgehen, sind i. d. R gering. Das bedeutet aber auch, dass z. B. in Abhängigkeit von der durchschnittlichen Zusammensetzung der Fahrzeugflotten das gesundheitliche Risiko für die Anwohnerschaft abgeschätzt werden kann und diese Daten mit in die städtische Planung von Verkehrswegen oder Wohnbauten aufgenommen werden muss. Zum Tragen kommen derzeit solche Überlegungen fast ausschließlich nur für große Tiefgaragen im innerstädtischen Bereich. Aus der durchschnittlichen Zusammensetzung der Fahrzeugflotte und der Anzahl der Stellplätze in Tiefgaragen können die Schadstofffahnen berechnet und eine Gesundheitsrelevanz abgeleitet werden.

Praxisbeispiel: Emissionswerte – Auszug aus einem Fahrzeugbrief – Feld U und Feld V

- Kohlendioxidemission in g/km: 157
- Standgeräusche in dB(A): 80
- Fahrgeräusche in dB(A): 69
- Festgelegte Schadstoffklasse nach EG:715/2007*692/2008 A

Es fehlen der Reifenabrieb und die Wärmeentwicklung. Die nach EG festgelegten Schadstoffwerte außer Kohlendioxid sind im Handbuch für Emissionsfaktoren für den Straßenverkehr (HBEFA) hinterlegt. Dabei wird auch nach Kalt- und Warmstart differenziert (UBA, 2017). ◄

Die im HBEFA vorliegenden Emissionswerte sind geeignet, auf die Belastung durch verkehrsbedingte klimarelevante und damit gesundheitsrelevante Gase zu schließen. Damit steht der Verkehrsplanung ein wichtiges Instrument zur Verfügung, Gesundheitsschäden zu verhindern. Mit dem Bundesimmissionsschutzgesetz (BImSchG) war in1974 ein wegweisender Schritt in Richtung Umweltschutz geschaffen. Ein Bezug zu Gesundheitsschutz war zu diesem Zeitpunkt noch nicht berücksichtig. Auch der Gesundheitsschutz am Arbeitsplatz findet mit der Schaffung des BImSchG keine Entsprechung. Allerdings ist es durch Heranziehen seiner untergesetzlichen Regelungen, den Bundes-Immissionsschutz-Verordnungen (BImSchV) durchaus möglich, gesundheitsrelevante Bewertungen abzuleiten und technischen Lösungen zur Minderung der Belastung einzufordern.

Emission und Immission im Geflecht von Umweltgerechtigkeit
Mit einem Planverfahren wird in aller Regel ein Vorhaben geprüft, das eine Veränderung im öffentlichen Raum mit sich bringt. Eine Veränderung im öffentlichen Raum bedeutet auch immer Veränderungen der Wahrnehmung des Raumes und nicht selten eine Beeinflussung der bestehenden ökologischen Verhältnisse. In diesem Zusammenhang geht es auch häufig um Bodensanierung oder Remediation[13] in Natur und Landschaft. In diesem Zusammenhang wird insbesondere bei der Bodensanierung aber auch

---

[13] Remediation: Wiederherstellung des ursprünglichen natürlichen Zustandes.

bei Bauwerkssanierungen nach Möglichkeiten der Mitigation[14] gesucht. Im urbanen Bereich geht ein geplantes Vorhaben auch mit einer Veränderung der Belastung der Menschen einher. Jedes Planverfahren ist von Umwelt- und von Gesundheitsrelevanz. Die Schnittmengen aus Umweltschutz, Umweltverträglichkeit und umweltbezogenem Gesundheitsschutz sind integraler Bestandteil jedes Planvorhabens. Der Grundsatz gilt gleichermaßen sowohl für den städtischen als auch für den ländlichen Raum. Insbesondere für investive Vorhaben, wie Ansiedlung von Industrieanlagen oder agrar- bzw. viehwirtschaftliche Großanlagen müssen die umwelt- und gesundheitsbezogenen Parameter berücksichtigt werden (Grafe, 2018). Die konsequente Anwendung bestehender rechtsverbindlicher Regularien ist ein wichtiger Baustein im Rahmen der Gewährleistung von Umwelt- und Gesundheitsverträglichkeit gegenüber der Nachbarschaft. Von zentraler Bedeutung sind dabei die Bewertungen der biometeorologischen Veränderungen infolge eines Vorhabens. Mit der gesundheitsrelevanten Bewertung von Immissionen ist es möglich, Gesundheitsbeeinträchtigungen von Menschen in der unmittelbaren Nachbarschaft zu minimieren oder zu vermeiden. Dabei spielt auch die interdisziplinäre Zusammenarbeit der jeweils zuständigen Fachämter eine entscheidende Rolle. Nicht selten müssen bei komplexen Verfahren externe Kompetenzträger eingebunden werden.

Klimawandel und Stadtklimatologie

Die von Menschen verursachten klimatischen Effekte in städtischen Räumen werden als Stadtklima bezeichnet. Als maßgebende Einflussfaktoren auf stadtklimatische Verhältnisse gelten der Versiegelungsgrad des Bodens infolge von Bebauungsdichte, die Bebauungsstruktur und der Vegetationsbestand. In aller Regel wird der Vegetationsbestand immer geringer mit dem Anstieg der Verdichtung und Versiegelung. Dazu kommen verschiedene Schadstoff und Staubemittenten, wie der Straßenverkehr, Gewerbeansiedlung und das individuelle Verhalten der Menschen. Klimarelevante Gase wie Stickoxide und Partikel aus dem Straßenverkehr infolge von Fahrbahn- und Reifenabrieb und die Überbauung des Bodens durch Baukörper sowie versiegelte Straßen tragen zur Erhöhung der bodennahen Luft- und der Oberflächentemperaturen in Städten bei. Die Folgen sind eine zunehmende Erwärmung der bodennahmen Luftschichten, die das Stadtklima maßgeblich mit bestimmen. Für das Kilma in Städten bzw. städtischen Arealen wird der Begriff humanbiometeorologisches Klimatop verwendet (vgl. Abb. 3.14). Um die Klimawirksamkeit einer Bebauung oder Überbauung bewerten zu können, ist es erforderlich eine Klimaverträglichkeitsprüfung mit Hilfe einer Gefährdungsanalyse in Analogie einer Umweltverträglichkeitsprüfung oder Baufolgenabschätzung bzw. Gesundheitsverträglichkeitsprüfung durchzuführen (Abb. 3.14).

---

[14] Mitigation: Erreichung eines Sanierungsstandes, der eine spezifische Nachnutzung noch ermöglicht.

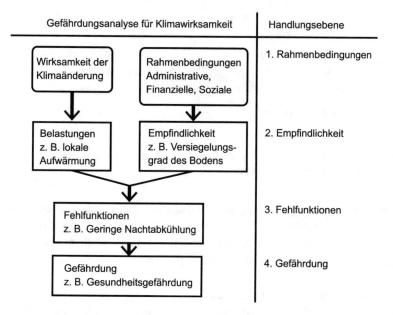

Abb. 3.14 Gefährdungsanalyse für die Stadtklimawirksamkeit eines Bauvorhabens (geringfügig verändert nach (Kokam, 2015)

Einfließen von umweltbezogenen gesundheitlichen Bewertungen mit Hilfe von wertsetzenden Indikatoren in planerische Vorhaben im Städte- und Siedlungsbau ist ein erster, aber dennoch maßgebender Schritt.

3.2.3 Dialog und Teilhabe als Grundbaustein des Umweltgerechtigkeitsansatzes bei Planverfahren

Wie ist der aktuelle Stand der Bürgerbeteiligung bei Planvorhaben unterschiedlicher Art? Welche formellen Beteiligungsverfahren gibt es? Bleibt die Beteiligung der Bürgerschaft begrenzt auf Planungen im Öffentlichen Raum? Beschränken sich Dialog und Partizipation auf Planungsvorhaben? Welche Rolle spielt der Umweltgerechtigkeitsansatz im Kontext mit Dialog und Partizipation? Welche Themenfelder stehen aktuell im Fokus?

Dialog und Partizipation hängen eng mit der Teilhabe von Menschen an gesellschaftlichen Prozessen zusammen. Dabei gibt es verschiedene Ebenen, die Ebene der Fachämter, die Ebene der Träger Öffentlicher Belange (TÖB) und die Ebene der Bürgerbeteiligung. In der Vergangenheit ist deutlich geworden, dass es einer breiten Bürgerbeteiligung sowohl bei stadtplanerischen als auch bei regionalplanerischen Vorhaben oder Ansiedlungen von spezifischer Wirtschaftsunternehmen – insbesondere, wenn

Abb. 3.15 Schematische Darstellung der Akteure für eine formelle Beteiligung im Planverfahren – normiertes Beteiligungsverfahren

natürliche Ressourcen, wie Wasser und Boden aber auch Gesundheitsbelästigungen im
Fokus der Diskussion stehen – bedarf. Als Beispiel seien der Bau und die Ansiedlung
von großflächigen Windparks in Siedlungsnähe oder die Ansiedlung von Industrieunter-
nehmen mit einem erhöhten Wassergebrauch genannt.

Formelle Beteiligung in Planverfahren
Während die formellen Beteiligungen gesetzlich vorgeschrieben sind, sind die
informellen in aller Regel auf die Information zu den Inhalten des Planes beschränkt.
Zu den formellen Beteiligungen gehören grundsätzlich die zuständigen Fachbehörden
für die Bereiche Umweltschutz mit den Fachbereichen Boden- und Gewässerschutz,
Immissionsschutz und der Naturschutz mit den Bereichen Ökologie und Landschaftsschutz. Eine formelle Beteiligung der Bereiche Öffentlicher Gesundheitsschutz nach
Gesundheitsdienst-Gesetz, meist die Gesundheitsämter, ist nicht vorgeschrieben, wobei
es in Deutschland länderspezifische Regelungen gibt. Meist übernehmen die gesundheitlichen Belange im Rahmen des Planverfahrens die Bereiche Immissions- und der
Bodenschutz aufgrund der im jeweiligen Sachkompetenzen im Amtsbereich Umweltschutz. Neben den zuständigen Fachbehörden müssen zwingend auch die (TÖB) ins
Beteiligungsverfahren eingebunden werden. Das ergibt sich insbesondere dann, wenn
deren Aufgabenbereich durch die Planungen berührt ist. Alle Träger öffentlicher Belange
haben ihre Stellungnahmen innerhalb eines Monats abzugeben und sich dabei auf ihren
Aufgabenbereich zu beschränken (vgl. Abb. 3.15).

Ist der politische Rahmen für eine Veränderungsplanung gegeben, muss diese Planung
der Öffentlichkeit, der Bürgerschaft zu Einsicht zur Verfügung gestellt werden. Damit
ist der Dialog für ein Planverfahren eröffnet. Die Auseinandersetzung und vor allem
die Kritikfähigkeit von kommunalpolitisch geplanten Vorhaben und den dafür Verantwortlichen im Rahmen von Kommunal- und Regionalplanverfahren ist eine gesetzlich verbriefte Teilhabe. Eine im Kontext von Umwelt- und Gesundheitsgerechtigkeit
zu betrachtende Beteiligung ist die Bürgerbeteiligung, die von essentieller Bedeutung
sowohl für das Planvorhaben als auch für die Betroffenen durch die Planung ist.
Dabei wird auch bei der Bürgerbeteiligung in formelle und informelle unterschieden.

Während formelle Bürgerbeteiligung, d. h. die gesetzlich vorgeschriebene oder verpflichtende Beteiligung bezeichnet, ist die informelle eine mehr oder weniger freiwillige Beteiligung. Gesetzlich festgelegte Beteiligungen sind für folgende Planverfahren bindend:

- für die Bauleitplanung,
- für die Raumordnungsverfahren, wie der FNP,
- für Genehmigungsverfahren für investive Vorhaben,
- für Planvorhaben für die Landes-und Regionalplanung,
- für die Umweltverträglichkeitsprüfung.

Die Beteiligung umfasst dabei für diese Planverfahren sowohl die Bürgerbeteiligung, als auch die der betroffenen oder zuständigen Fachämter als auch die TÖB. Auch der Zeitpunkt für Dialog und Teilhabe im Sinne von Verfahrens- und Teilhabegerechtigkeit ist im Planungsverfahren meist festgelegt. Alternativ werden für Bürgerbeteiligung auch die Begriffe Einwohnerbeteiligung und Öffentlichkeitsbeteiligung verwandt, wobei ein Unterschied zwischen Öffentlichkeitsbeteiligung und Bürgerbeteiligung besteht. Bürgerbeteiligung bedeutet die Möglichkeit aller betroffenen und interessierten Bürgerinnen und Bürger, ihre Interessen und Anliegen bei öffentlichen Vorhaben zu vertreten und einzubringen. Im Rahmen der Stadt- und Regionalplanung ist die Bürgerbeteiligung als Partizipationsgrundsatz verankert.

▶   Partizipation wird als das Recht auf freie, gleichberechtigte und öffentliche Teilhabe an gemeinsamen Diskussions- und Entscheidungsprozessen in Gesellschaft, Staat und Institutionen, in institutionalisierter oder offener Form verstanden.

Partizipation und Teilhabe werden zunehmend als Synonyme verwendet. Bereits in der Phase der Bauleitplanung ist das Einbringen, d. h. die eigenen Vorbehalte oder zielführende Hinweise zu thematisieren und zur Diskussion zu stellen. Ist der politische Rahmen für eine Veränderungsplanung gegeben, muss diese Planung der Öffentlichkeit, der Bürgerschaft zu Einsicht zur Verfügung gestellt werden. Damit ist der Dialog für ein Planverfahren eröffnet.

Nicht formelle Beteiligung
Öffentlichkeitsbeteiligung bedeutet, dass sich auch Interessengruppen wie NGOs beteiligen können (Alcantara, 2014). Es ist nachzuvollziehen, dass das unmittelbare Umfeld des Lebensmittelpunktes von größerem Interesse ist als die Probleme, die weiter weg sind. So ist auch in aller Regel die Bereitschaft, sich für oder gegen Beeinflussungen der unmittelbaren Lebenswelt einzusetzen größer, als bei überregionalen Problemen. Gleichwohl sind in beiden Fällen Teilhabe-, Zugangs- und Verfahrensgerechtigkeit die Basis für Dialog und Partizipation. Sie ermöglichen prinzipiell den Zugang zu

gesellschaftspolitischen Prozessen, da Verfahrensgerechtigkeit impliziert, dass Teilhabe an Veränderungen in der unmittelbaren und mittelbaren Lebensumwelt möglich ist. Damit sind sie auch integraler Bestandteil des Umweltgerechtigkeitsansatzes. Alternativ werden für Bürgerbeteiligung auch die Begriffe Einwohnerbeteiligung und Öffentlichkeitsbeteiligung verwendet, wobei ein Unterschied zwischen Öffentlichkeitsbeteiligung und Bürgerbeteiligung besteht. Bürgerbeteiligung bedeutet die Möglichkeit aller betroffenen und interessierten Bürgerinnen und Bürger, ihre Interessen und Anliegen vorzubringen. Eine Möglichkeit besteht in der sogenannten Volksbefragung, wie sie in der Schweiz gängig ist. Interessengruppen können aber auch ihre Anliegen an die politischen Ebenen in geeigneter Form als Volksbegehren einbringen. Allerdings muss dabei ein bestimmter Prozentsatz im Verhältnis zur Gesamtheit der Bevölkerung erreicht werden. Als Beispiele seien hier das das Volksbegehren zur Mietpreisbremse in Berlin 2019 und das zur Rechtschreibreform in Deutschland in 2009 genannt. Nachprüfbare Ergebnisse, ob die Durchführung des Microzensus eine direkte Teilhabe und Mitwirkung mit sich bringt, liegen derzeit nicht vor.

3.3   Umweltgerechtigkeitsansatz und Wissensgesellschaft

In welchem Zusammenhang stehen Sozialisierung und Umweltgerechtigkeit? Welche Rolle spielt die Sozialisierung in der neuen Arbeitswelt? Welche Bedeutung hat die Sozialisierung der Menschen im Hinblick auf Wohn- und Arbeits(um)welt? Welche Rolle spielen soziokulturelle Komponenten im Hinblick auf Wohn- und Arbeitsumwelt?

Die Schnittstelle von Umweltpolitik, Gesundheitspolitik und Sozialpolitik bildet das Themenfeld Umweltgerechtigkeit ab. Es geht dabei um sozioökonomisch bedingte ungleiche Verteilung von Umwelteinflüssen auf die Gesundheit. Es stehen sowohl Gesundheitsbelastungen durch Umwelteinflüsse und deren Auswirkungen auf Teilhabe und Chancengleichheit als auch beim Wissens- und Befähigungserwerb im Fokus dieses Forschungsfeldes. Ausgehend von den unterschiedlichen Phasen der Sozialisierung der Menschen haben insbesondere Bildung und Wissenserwerb über seine Lebensphasen eine zentrale Bedeutung. Die Einbeziehung des von Bourdieu definierten Konzepts ‚Der Soziale Raum' ermöglicht die wissenschaftliche Befassung mit dem Themenfeld und seine Erweiterung. Das Konzept ‚Der Soziale Raum' umfasst alle Räume, in denen der Mensch agiert und in denen er sozialisiert wird[15]. Dazu gehört insbesondere der unmittelbare Lebensraum, der geprägt ist von Wohnen und Wohnumfeld und die Räume für Wissens-, Bildungs- und Befähigungserwerb, die zunehmend von der Arbeitswelt

---

[15] Das Konzept des „Sozialen Raums" wurde von Pierre Felix Bourdieu (1930–2002) entwickelt.

dominiert werden[16]. Nach der in der ersten Phase der Sozialisierung in der Familie und dem familiären Umfeld folgen die Phasen des Wissens- und Befähigungserwerbs und vor allem die nachfolgende Sozialisierung in der Arbeits(um)welt, wobei letztere in aller Regel die längste oder auch die dynamischste sein kann[17]. Mit der zunehmenden Flexibilisierung der Wissens- und Befähigungsvermittlung auch in unterschiedlich kulturell geprägten Lebensumwelten spielen auch unterschiedliche Sozialisierungsmodelle zunehmend eine Rolle. Die tradierten Sozialräume mit Bildungsvermittlung tragen zu einer Hybridisierung von Sozialisierung ganzer Gruppen von Menschen bei. So ergeben sich zunehmend neue Sozialisationsmodelle. Menschen mit unterschiedlicher assoziativer Sozialisierung lernen, studieren und arbeiten zunehmend in gemeinsamen wiederum neuen Lebensumwelten. Dabei spielen kulturelle, religiöse aber auch traditionsbezogene Lebensverständnisse eine wichtige Rolle. Unterschiedliche Sprachen unterstützen diesen Prozess zusätzlich. Im Zuge der Globalisierung des Handels – aber auch der wirtschaftlichen Beziehungen insgesamt – lernen, lehren, studieren und arbeiten Menschen unterschiedlicher adaptiver Sozialisierung in neuen Lebensumwelten zusammen. Es entstehen persönliche Beziehungen, die ihrerseits eine Vermischung von tradierter Sozialisierung mit sich bringen.

Internationale Studierende in Deutschland

Mit knapp 320.000 erreichte die Zahl der internationalen Studierenden in Deutschland im Wintersemester 2019/20 einen neuen Höchstwert, die Auswirkungen der Corona-Pandemie sind jedoch noch nicht in den aktuellen Zahlen ablesbar.

Damit lag Deutschland in der Liste der Gastländer auf Platz 4 und war das wichtigste nicht-englischsprachige Gastland für ausländische Studierende.

Der Anteil der Studierenden aus dem Ausland an allen Studierenden liegt bei 11,1 %.

In Deutschland ist besonders, dass die Studierenden aus vielen verschiedenen Herkunftsländern kommen. Die meisten internationalen Studierenden stammen aus China. Auf Platz zwei befindet sich Indien. Danach kommen Syrien, Österreich, Russland, die Türkei, Italien und der Iran.

Der Anteil der internationalen Studierenden, die einen Abschluss in Deutschland anstreben ist mit rd. 92 % weiterhin sehr hoch.

Im Zuge der Sozialerhebung werden regelmäßig Daten zur wirtschaftlichen und sozialen Situation der internationalen Studierenden in Deutschland erhoben.

---

[16] Zur Vertiefung wird auf Grafe Umweltgerechtigkeit – Wissens- und Bildungserwerb, Teilhabe und Arbeit (2020) verwiesen.

[17] Zur Vertiefung wird auf Grafe Umweltgerechtigkeit: Arbeit, Sozialisation, Teilhabe und Gesundheit (2021) verwiesen.

Deutsche Studierende im Ausland

Etwa 135.000 deutsche Studierende insgesamt waren in 2018 an ausländischen Hochschulen immatrikuliert. Die beliebtesten Gastländer sind Österreich, die Niederlande, Großbritannien und die Schweiz.

Die Auslandsmobilität der deutschen Studierenden ist damit relativ hoch: Im Jahr 2018 war Deutschland auf Platz 3 der wichtigsten Herkunftsländer internationaler Studierender weltweit.

Im Rahmen des ERASMUS-Programms der Europäischen Union studieren jährlich etwa 40.000 deutsche Studierende in verschiedenen europäischen Ländern. 21 Prozent davon halten sich für ein Praktikum, 79 % für ein Teilstudium im Ausland auf (entnommen aus StudWerk, 2021). ◄

Nicht viel anders sieht es in der Arbeits(um)welt aus: Der Anteil ausländischer Beschäftigter steigt seit Jahren. 2021 lag er bei 13,4 %. Das sind doppelt so viele wie noch 2010. In der Bevölkerung lag der Anteil ausländischer Menschen 2020 bei 12,6 %. Von insgesamt 33,8 Mio. Beschäftigten arbeiteten in 2021 insgesamt 4,5 Mio. ausländische Beschäftigte in Deutschland (BAA, 2022). Das beinhaltet gleichermaßen, dass der soziologische Umweltbegriff die Arbeitsumwelt inkl. der Wissensumwelt und damit im ökonomischen Konzept der Gesellschaft ein fester Bestandteil ist[18]. Nicht alle Studierenden bleiben in Deutschland, und nicht alle Deutsche, die im Ausland studieren, kommen nach Deutschland zurück. Gleichwohl spielen der Erwerb und der Austausch von Wissen und Befähigung in der sich in Transformation befindlichen Gesellschaft eine nicht unmaßgebliche Rolle. Bei der Betrachtung der Anteile der binationalen Partnerschaften, hier Ehepartnerschaften, ist festzustellen, dass spätestens seit dem Jahr 1997 für alle betrachteten Nationalitäten eine zunehmende Tendenz für binationale Ehen mit Deutschen zu beobachten ist. Dies lässt den vorsichtigen Schluss zu, dass Migrantengruppen in zunehmendem Maße sozial in die deutsche Gesellschaft integriert sind. Wenn man den Anteil binationaler Ehen als Indikator für Integration heranzieht, wird deutlich, dass insbesondere die Personen mit spanischer Staatsangehörigkeit, aber auch die italienischen Männer besonders gut (sozial) integriert sein. Eine Sonderstellung nehmen die türkischen Migranten ein: Sowohl die türkischen Männer als auch die türkischen Frauen weisen unter allen betrachteten Nationalitäten jeweils den mit Abstand geringsten Anteil derer auf, die in die deutsche Bevölkerung einheiraten. Insgesamt kann jedoch festgestellt werden, dass die meisten binationalen Partnerschaften auf einer intellektuellen Ebene der Partner beruhen und damit auf deren soziokulturelle Empathie zurückzuführen ist (Schroedter, 2006).

---

[18] Zur weiteren Vertiefung wird auf Grafe Umweltgerechtigkeit: Arbeit, Sozialisation, Teilhabe und Gesundheit (2021) verwiesen.

3.3.1 Transformation von Lebens- und Arbeits(um)welten

Welche Herausforderungen bestehen für multikulturelle Gesellschaften? Wie spiegelt sich das individuelle Kulturverständnis in der Industriellen Gesellschaft wider? Welche Resilienzen werden von der Gesellschaft erwartet? Wie wirken sich Interkulturalität auf die Transformation der Industriegesellschaft zur Wissens- und Dienstleistungsgesellschaft aus?

Mit der Veränderung der Arbeitswelt, geht auch eine Veränderung in der Wissens- und Bildungsvermittlung einher. Die für einen erfolgreichen Start in die neue Arbeits(um) welt notwendigen Wissens- und Bildungskomponenten verlangen nach einer neuen Vermittlungsphilosophie und -technik. Eine der Schlüsselkompetenzen für die Wissensgesellschaft ist die Fähigkeit und der Wille für lebenslanges Lernen. Eine zentrale Funktion wird für diesen Ansatz das erfahrungsbezogene Lernen spielen, das gleichzeitig Bildungsaspekte antizipiert. Institutionelle Bildungseinrichtungen müssen in diesen Veränderungsprozess einbezogen werden. Die Anforderungen der Wissensgesellschaft generieren einen Paradigmenwechsel im sogenannten Bildungssystem. Um dieser Herausforderung gerecht werden zu können, bedarf es einer qualitativ hochwertigen und gut ausgebauten Bildungsinfrastruktur. Im Zuge dessen werden die Aufgaben und die Arbeitsfelder von Lehrenden sich ändern, weil neue Kompetenzfelder in die Lehre eingebaut werden müssen. Es wird notwendig werden, neue Organisationseinheiten, die der Unterstützung der Lehrenden dienen, aufzubauen und infrastrukturelle Veränderungen, die den Lernenden bessere Möglichkeiten für den Wissens- und Befähigungserwerb bieten. Eine zukunftsfähige Vorbereitung auf die Wissensgesellschaft bedarf vor allem der Möglichkeit erfahrungskonkret zu lernen. Die Kombination aus Präsenzveranstaltungen, wie Seminare, Workshops, aber auch das Arbeiten in technischen oder Freiluftlaboren mit gruppenbezogenem eLearning ermöglicht Fachwissenserwerb und Erwerb von Bildungskompetenzen, wie Kooperationsfähigkeit, Sozialkompetenz, Organisationskompetenz und ggf. interkulturelle Kompetenz. Die Nutzung von Technologien der Informations- und Kommunikationstechnik beim Erwerb von Wissen und Bildung wird zukünftig in allen Stadien von Wissenserwerb und Sozialisation von Bedeutung sein. Da der Wandel zur Wissensgesellschaft auch zu einem Wandel des ökonomischen Systems führt, darf dieses nicht unreflektiert von der Wirklichkeit der Lebensumwelt der bleiben. Im Zusammenhang mit der Transformation von der weitgehend dominanten Industriegesellschaft hin zur Wissensgesellschaft, die mit den Begriffen Informationsgesellschaft und Dienstleistungsgesellschaft vergesellschaftet wird, geht es auch um Information und um Informationstechnologien sowie darum, dass Wissen zunehmend zur Ware wird. Die Informations- und Kommunikationstechnik mit ihren Technologien haben einen rasanten Aufstieg erlebt, der tiefgreifende Veränderungen sowohl in der Arbeitswelt als auch in der ganz normalen Lebensumwelt der Menschen provoziert hat (vgl. Abb. 3.16).

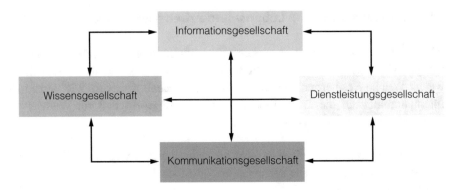

Abb. 3.16 Interaktion und Konklusion von Wissens-, Informations-, Kommunikations- und Dienstleistungsgesellschaft

Der gesellschaftliche Wandel hat neue Bedürfnisse und neue Herausforderungen mit sich gebracht. Wissen ist zur Ware geworden, die bereitgestellt bzw. gekauft wird. Die Lager für diese Ware sind Datenbanken. Software-Pakete bestimmen nicht nur den Alltag der Menschen sondern sie sind essentieller Bestandteil aller Wirtschafts- und Wissenschaftsbereiche – der Wissenswelt. Die neuen Technologien haben nicht nur tief in die Gesellschaftsstrukturen eingegriffen, sondern sie haben auch einen gesellschaftlichen Wertewandel, insbesondere was die Arbeitswelt angeht, hervorgerufen. Arbeit wird als Informationspool verstanden. Wissen ist überall vorrätig und zugängig – Wissen ist käuflich.

Sozio- und Multikulturelle Komponenten

Welche Herausforderungen bestehen für multikulturelle Gesellschaften? Wie spiegelt sich das individuelle Kulturverständnis in der Industriellen Gesellschaft wider? Welche Resilienzen werden von der Gesellschaft erwartet? Wie wirken sich Interkulturalität auf die Transformation der Industriegesellschaft zur Wissens- und Dienstleistungsgesellschaft aus?

Die antizipatorische Sozialisierung bleibt letztendlich nicht auf den familiären Raum beschränkt, sondern sie findet ihre Fortführung auch in weiteren entwicklungsspezifischen Etappen (Maier, 2018). Wobei jede einzelne Phase für die Persönlichkeitsentwicklung und damit für die Stellung des Einzelnen in der Gesellschaft von Bedeutung ist. Die umweltlichen Räume der Arbeits(um)welt stellen zunehmend eine breitere Basis für Sozialisierungsprozesse dar. Die enge Verknüpfung der frühen antizipatorischen Sozialisation in der Familie mit der Phase Arbeitsleben entscheidet zwar maßgeblich über Armut und Nichtarmut, eine Assimilation bzw. Resilienz in der Arbeits(um)welt inkl. der Umwelt für Wissens- und Befähigungserwerb ist jedoch prinzipiell gegeben. Neben den individuellen soziokulturellen Verhältnissen besteht natürlich auch eine von der Bestandsgesellschaft gelebte Dominanz, die häufig mit tradiertem Rollenverständnis, das demografisch bedingt ist. Insofern tuen sich neue Herausforderungen insbesondere in der industriell geprägten Arbeits(um)welt auf. Dazu kommen Wissens- und Bildungsdefizite, die von einem Teil der Mitarbeiterschaft oder den jeweiligen Anforderungsprofilen nicht gerecht werden können, was sich dann im Niedriglohnsektor der betroffenen Bevölkerungsgruppe widerspiegelt.

> „Die Zuwanderung auf den Arbeitsmarkt ist vielfältiger geworden. Jeder Mitarbeiter kommt mit seinen früh erworbenen Kulturstandards in die Arbeitswelt, die sich hinsichtlich Zeitverständnis, Hierarchieverständnis, Offenheit, Eigeninitiative, Umgang mit älteren Mitarbeitern, Konfliktverhalten etc. oft stark unterscheiden". (Schroll-Machl, 2003)

Die Mehrheit der Niedriglohnbeschäftigten verfügt mit 84,6 % über die deutsche Staatsangehörigkeit oder hat keinen Migrationshintergrund. Der Niedriglohnanteil der Ausländer fällt mit 35,2 % deutlich höher aus, als jener der Deutschen mit 16,7 %. Bei Personen mit Migrationshintergrund erster Generation liegt der Niedriglohnanteil mit 35,8 % im Vergleich zu Personen ohne Migrationshintergrund mit 15,9 % auf einem deutlich höheren Niveau. Im Niedriglohnsektor spiegelt sich auch die seit der Wiedervereinigung unterschiedliche Lohnentwicklung zwischen West- und Ostdeutschland wider (Lukas, 2011). 73 % der Niedriglohnbeschäftigten arbeiten im Osten, wobei auch hier der Anteil in den einzelnen Bundesländern unterschiedlich hoch ist. Der gesetzliche Mindestlohn liegt seit Januar 2022 bei 9,82 € (Hund, 2021). Die Ursachen für die höheren Niedriglohnanteile der Ausländer und weiterer Personen mit Migrationshintergrund liegen einerseits in einem deutlich geringeren Anspruchslohn, andererseits sind ihre Anteile an den Personen ohne berufliche Ausbildung deutlich höher als die der deutschen Niedriglohnbeschäftigten und der Beschäftigten ohne Migrationshintergrund. Sowohl ausländische Niedriglohnbeschäftigte als auch andere Niedriglohnbeschäftigte mit Migrationshintergrund arbeiten selten in Berufen mit qualifizierter Ausbildung, sie beschränken sich in ihrer Berufswahl auf wenige Berufe und sie sind überproportional in mittleren und großen Betrieben tätig. Für Geduldete ist der Niedriglohnsektor aufgrund ihres niedrigeren Anspruchslohns in Verbindung mit ihrer geringeren sozialen Absicherung der wichtigste Bereich zur Aufnahme einer Beschäftigung und somit zur Erlangung eines dauerhaften Aufenthalts in Deutschland. Gleichwohl liegt der Anteil der Erwerbstätigen unter den erwerbsfähigen Geduldeten nur bei 11 % (Lukas, 2011). Die Bleibeberechtigten sind mehrheitlich im erwerbsfähigen Alter.

Die weitere Förderung der Humankapitalbildung ist der richtige Weg zu einer besseren Arbeitsmarktintegration. Das vorhandene Potenzial an Arbeitskräften wird so – auch vor dem Hintergrund des demografischen Wandels – besser ausgeschöpft und soziale Ausgaben des Staates werden dadurch gesenkt (Lukas, 2011).

Zur Erwerbstätigkeit, der Wahl der Berufe und Branchen liegen keine evidenten Daten vor (Lukas, 2011). Die untersuchten Gruppen sind aufgrund der zunehmenden Globalisierung und des technischen Fortschritts von der Verschiebung zur Nachfrage nach Qualifizierten und den dadurch zusätzlich sinkenden Löhnen im Niedriglohnsektor am stärksten betroffen. Das bedeutet auch, dass deren Teilhabe am gesamtgesellschaftlichen Leben zumindest eingeschränkt ist und eine Aggregation in entsprechenden umwelt(un) gerechten Arbeitsverhältnissen, gesundheitsbelastende Wohn- und Wohnumfeldsituationen stattfindet.

Ethnische Sozialisation und multikulturelle Arbeits- und Lebens(um)welten

Welche Herausforderungen ergeben sich aus der Pluralität der sich entwickelnden Gesellschaft? Welche Rolle wird die interkulturelle Empathie zukünftig spielen? Was sind tragfähige Konzepte einer zeitgemäßen Integrationspolitik?

Ethnische Sozialisation und Multikulturalität sind die Hauptkomponenten, die plurale Gesellschaften kennzeichnen. Gleichzeitig stellen sie ein Spannungsfeld im Geflecht von Vorort geltenden normativem Recht, Gerechtigkeitsempfingen und Teilhabe dar: Ein Themenfeld mit großen Herausforderungen – nicht nur im Wissenschaftsbereich. Mit der Pluralisierung einer Gesellschaft infolge von Migration, Zuwanderung, Bevölkerungswachstum und Fluchtbewegungen werden Teilhabekonflikte zunehmend an Bedeutung gewinnen. Nicht nur die Globalisierung der vergangenen Jahre in den meisten Bereichen von Wirtschaft und Handel hat dazu beigetragen, sondern auch Flucht und Vertreibung inkl. kriegerischer Auseinandersetzungen um natürliche und um globale Ressourcen. Da Teilhabe ein Zustand oder eine Aktivität ist, die Alle betrifft: Die Alten, die Schwachen, die Armen, die Heranwachsenden, die Einkommensschwachen, die Fremden und die Einheimischen, stellt sie ein normatives Gut dar (vgl. Abb. 3.17).

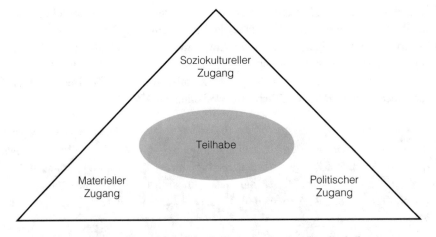

Abb. 3.17 Komponentendreieck – Modell für Teilhabe in pluralen Gesellschaften

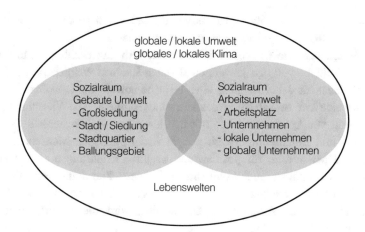

Abb. 3.18 Der ‚Sozialen Raum' als Geflecht von Wirken und Einwirken

Die Summe aller Aspekte, die plurale bzw. multikulturelle Gesellschaften mit all ihren Eigenheiten und interkulturellen Verschmelzungen, der sog. Hybridsozialisation, wird auch eine zukünftige Herausforderung für die Realisierung von Teilhabe sein bzw. diese möglich machen[19].

3.3.2 Wissensvermittlung, Befähigung und Teilhabe – eine Herausforderung der Transformation der Gesellschaft

Welche Rolle spielen Wissensvermittlung, Befähigung und Teilhabe im Kontext von Umweltgerechtigkeit und Transformation der Gesellschaft zur Wissensgesellschaft? Welche Rolle spielt dabei der ‚Soziale Raum'?

Ausgehend von ganzheitlichen Begriff der Umwelt als ‚Sozialen Raum' geht es auch immer um Gerechtigkeitsaspekte bzw. – ansprüche[20]. Jeder ‚Soziale Raum' hat eine eigene Umwelt, die ihn formt und der direkt auf den Menschen, der sich in dieser Umwelt bewegt, formt. Während die sozialräumlichen Umstände auf die Menschen einwirken, wirken diese aber auch auf die jeweiligen sozialen Räume ein (vgl. Abb. 3.18). Die Zuordnung von Räumen, in das Geflecht umweltlicher Räume, d. h. Räume, in denen die Menschen leben, lernen, arbeiten, sich erholen etc. nimmt das Konzept‚Der Soziale Raum' von Bourdieu auf, das derzeit von großer Aktualität ist, insbesondere

---

[19] Zur Vertiefung wird auf Grafe Umweltgerechtigkeit: Arbeit, Sozialisation, Teilhabe und Gesundheit (2021) verwiesen.

[20] Zur Vertiefung wird auf Grafe Umweltgerechtigkeit: Wissens- und Bildungderwerb, Teilhabe und Arbeit (2020) verwiesen.

deshalb, weil der Transformationsprozess von der industriell geprägten Gesellschaft hin zur Wissensgesellschaft dieses Konzept aufnehmen muss.

Das bedeutet, dass die Chancen auf Wissenserwerb und Befähigung und damit die Chancen auf Teilhabe von den jeweiligen sozialen Räumen weitgehend abhängig sind. Das zentrale Element dabei ist, dass eine Teilhabe sowohl die sozioökonomischen als auch die Aspekte der Sozialisation des Einzelnen umfasst. Die Vielschichtigkeit und Verschiedenheit von Lebensumwelten mit den jeweiligen Zeitfenstern für Sozialisation und Wissens- und Befähigungserwerb prägen maßgeblich den Menschen. Sie stehen für Erfolg und Misserfolg, für positive und negative Erfahrungen und stehen häufig auch Pate für Gesundheit und Wohlbefinden[21]. Diese Zuordnung von Wissens- und Erfahrungsräumen hat maßgeblich dazu beigetragen, den ganzheitlichen Ansatz von Umweltgerechtigkeit zu formulieren. Gleichzeitig wird die Undifferenziertheit der Begrifflichkeiten in der Alltagssprache verdeutlicht, um ein Verständnis für den Einfluss dieser Räume auf Sozialisationsprozesse in der Gesellschaft zu wecken. Wesentliche Bestandteile des Wissens sind Erfahrung, Erleben und Wahrnehmung. Sie sind bereits in den Gesellschaften der frühen Menschheit für deren Überlebensfähigkeit von Bedeutung gewesen und sind es derzeit vor dem Hintergrund des Klimawandels infolge der anthropogenen Umweltzerstörung erneut. Das im deutschen Sprachgebrauch verwendete Wort Wissen leitet sich ursprünglich von erblicken oder sehen, also einer Form der Wahrnehmung, ab. Wahrnehmung ihrerseits ist Kenntnisnahme – sie fragt nicht nach Hintergrund, Kausalität oder Wirkung. Allerdings muss die Kenntnisnahme dafür sorgen, dass der Umstand der Wahrnehmung nach Kausalität über Wissen reflektiert wird, um mögliche Einflussnahme darauf zu entwickeln[22],[23].

Sozioökonomische Komponenten des Wissens- und Befähigungserwerbs

In welchem Zusammenhang stehen soziokulturelle Komponenten mit sozioökonomischen Bedingungen im Hinblick auf Wohn- und Arbeits(um)welten? Welche Rolle spielen dabei Wissen- und Bildungsvermittlung?

Der untrennbare Zusammenhang von sozioökonomischen Bedingungen und soziokulturellen Gegebenheiten wird insbesondere in pluralen Gesellschaften deutlich.

„Die Geschichte sozialer Bewegungen ist zugleich eine Geschichte von Kämpfen um die Zuerkennung und Durchsetzung von Teilhabe in den unterschiedlichsten Lebensbereichen.

---

[21] Zur Vertiefung wird auf Grafe Umweltgerechtigkeit: Arbeit, Sozialisation, Teilhabe und Gesundheit (2021)verwiesen.

[22] Zur Vertiefung wird auf Grafe Umwelt- und Klimagerechtigkeit – Digitalisierung, Energiebedarfe, Klimastörung und Umwelt(un)gerechtigkeit (2021)verwiesen.

[23] Zur Vertiefung wird auf Grafe Umwelt- und Klimagerechtigkeit – Gesundheit und Wohlbefinden (2021) verwiesen.

Allerdings stellen sich Fragen der gesellschaftlichen Teilhabe nicht immer gleich salient und konfliktträchtig. Mit der Pluralisierung von Gesellschaften werden auch Teilhabekonflikte wahrscheinlicher und drängender". (Steinhilber, 2019)

Dabei spielt Arbeits(um)welt für einen Menschen eine entscheidende Rolle. Das betrifft insbesondere die Arbeitskraft des Einzelnen im Hinblick auf seinen ökonomischen Anteil und seine physische und psychische Belastung resp. Resilienz am Arbeitsplatz. Derzeit widerspiegeln die sozioökonomischen Bedingungen ein Spiegelbild von geringem Entgelt und hoher Belastung wider. Die gesundheitliche Belastung von Arbeitnehmern in ökonomisch prekären Beschäftigungsverhältnissen betrifft das genauso wie die in weniger prekären Verhältnissen, wenn gleich sich deutlich abbildet, dass insbesondere gering Qualifizierte in besonders prekären sozioökonomischen Bedingungen ihren Lebensunterhalt versuchen zu sichern. Dazu kommen noch gesundheitliche Belastungen physischer und psychischer Natur. Da die soziologisch geprägte Umwelt – die Arbeits(um)welt – maßgeblich von der Art der Arbeit abhängig ist, gilt es auch, die Gesundheitsrelevanz der jeweiligen Arbeits(um)welten kritisch zu hinterfragen. Dabei geht es nicht nur um schwere Arbeit, um stupide Arbeit oder um Arbeiten mit gesundheitsrelevanten Schadstoffen und Materialien, es geht auch darum, wie groß die psychosoziale Belastung ist. Mit der Etablierung der Arbeitssoziologie als Wissenschaftsdisziplin ist es möglich geworden, diesen Komplex auch wissenschaftlich zu untersuchen, um Schwachstellen und Herausforderungen zu identifizieren sowie Veränderungen herbeizuführen. Während sich in den vergangenen dreißig Jahren der Arbeitsschutz, d. h. dem Schutz des Arbeitnehmers vor gesundheitlichen Schäden am Arbeitsplatz gewidmet hat, sieht die moderne Arbeitssoziologie ihren Schwerpunkt heute unter insbesondere in sozioökonomischen Aspekten – dem Konflikt von sozialer Kompetenz und ökonomischem Potenzial (Kauffeld & Maier, 2020).

Literatur

Albers, G. (1996). Stadtplanung – eine praxisorientierte Einführung, Primus Darmstadt.

Alcántara, S., et. al. (2014). DELIKAT – Fachdialoge Deliberative Demokratie: Analyse Partizipativer Verfahren für den Transformationsprozess. http://www.nexusinstitut.de/images/stories/content-pdf/delikat_bericht.pdf. Zugegriffen: 16. Okt. 2019.

BAA [Bundes Agentur für Arbeit]. (2022). https://mediendienst-integration.de/integration/arbeitsmarkt.html. Zugegriffen: 24. Mai. 2022.

Bänsch-Baltruschat, B. et al. (2019). POP-Implement: Beiträge zur Umsetzung der Stockholm-Ziele (Beschränkung und Eliminierung) für relevante Anwendungen bestimmter POP – Umsetzung des Stockholmer Übereinkommens in Deutschland. (Hrsg.), Umweltbundesamt https://www.umweltbundesamt.de/service/glossar/p?tag=POP#alphabar. Zugegriffen. 30. Sept. 2019.

BGBl [Bundes-Gesetz-Blatt]. (2017). Bundes-Bodenschutz- und Altlastenverordnung vom 12. Juli 1999 (S. 1554). zuletzt geändert durch Artikel 3 Absatz 4 der Verordnung vom 27. Sept. 2017 (BGBl. I S. 3465).

BImSchG [Bundes-Immissions-Schutz-Gesetz]. (1974). Gesetz zum Schutz vor schädlichen Umwelteinwirkungen durch Luftverunreinigungen, Geräusche, Erschütterungen und ähnliche Vorgänge Letzte Änderung: Art. 1 vom 8. April 201, in Kraft getreten am 12. April 2019 zuletzt geändert durch Gesetz vom 24.09.2021 (BGBl. I S. 4458) m. W. v. 01.10.2021 https://dejure.org/gesetze/BImSchG/chemikaliensicherheit/pops/. Zugegriffen: 30. Mai 2022.

Blättner, B., & Grewe, H. A. (2019). Hitze und menschliche Gesundheit. Vortrag im Rahmen von KlimPrax. (Hrsg.), Hessisches Landesamt für Naturschutz, Umwelt und Geologie. https://www.hlnug.de/fileadmin/dokumente/klima/klimprax/KLIMPRAXStadtklima2019/L-Handlungsleitfaden2019_Einzelseiten.pdf. Zugegriffen: 7. Dez. 2019.

DeuStäT [Deutscher Städtetag]. (2012). Positionspapier: Anpassung an den Klimawandel – Empfehlungen und Maßnahmen der Städte. http://www.mainz-bingen.de/default-wAssets/docs/Bauen-Energie-Umwelt/Umwelt-und-Energieberatungszentrum/positionspapier_klimawandel_juni_2012.pdf. Zugegriffen: 9. April. 2021.

Fees, E. (2018). Umweltverträglichkeitsprüfung. In Gabler Wirtschaftslexikon (Hrsg.), https://wirtschaftslexikon.gabler.de/definition/umweltvertraeglichkeitspruefung-48538/version-271789. Zugegriffen: 01. Okt. 2019.

Finke, L. (1998). Integration landschaftsökologischer Ziele in die Regionalplanung. In Th. Weith (Hrsg.), Räumliche Umweltvorsorge. Sigma, Rainer Bohn Berlin

Funk, D., et.al. (2011). Fachbeitrag Stadtklima und städtebaulicher Entwurf. GEO-NET Umweltconsulting GmbH.

Fuhrmann, G. F. (2007). Toxikologie für Naturwissenschaftler. In Ch. Elschenbroich, F. Hensel, & H. Hopf (Hrsg.), Teubner SBN 3-8351-0024-6.

GEO-NET. (2017). Fachbeitrag Stadtklima im Bebauungsplan 7 -66 „Bautzener Brache" Im Bezirk Tempelhof von Berlin.

Grafe, R. (2018). Umweltwissenschaften für Umweltinformatiker, Umweltingenieure und Stadtplaner. Springer Heidelberg ISBN 978-3-662-57746-2, ISBN 978-3-662-57747-9 (eBook). https://doi.org/10.10007/978-3-662-57747-9.

Grafe, R., & Grafe, R. (2020). Umweltgerechtigkeit – Wohnen und Energie. Springer ISBN 978-3-658-30592-5, ISBN 978-3-658-30593-2 (eBook), ISSN 2197-6708, ISSN 21-6716 (electronic) https://doi.org/10.1007/978-3-658-30593-2.

Grafe, R. (2020a). Umweltgerechtigkeit – Wissens- und Bildungserwerb, Teilhabe und Arbeit. Springer ISBN 978-3-658-32098-3, ISBN 978-3-658-32098-0 (eBook) ISSN 2197-6708, ISSN 2197-6716 (electronic). https://doi.org/10.1007/978-3-658-32098-0.

Grafe, R. (2020b). Umweltgerechtigkeit: Arbeit, Sozialisation, Teilhabe und Gesundheit, ISBN 978-3-658-33748-3, ISBN 978-3-658-33749-0 (eBook), ISSN 2197-6708 (essentials) ISSN 2197-6716 electronic), https://doi.org/10.1007/978-3-658-33749-0.

Grafe, R. (2021a). Umwelt- und Klimagerechtigkeit – Gesundheit und Wohlbefinden. ISBN 978-3-658-35227-1, ISBN 978-3-658-35228-8 (eBook), ISSN 2197-678 (essential), ISSN 2197-6716 (electronic) https://doi.org/10.1007/978-3-658-35228-8.

Grafe, R. (2021b). Umwelt- und Klimagerechtigkeit: Digitalisierung, Energiebedarfe, Klimastörung und Umwelt(un)gerechtigkeit. ISBN 978-3658-36327-7, ISBN 978-658-36328-4 (eBook), ISSN 2197-6708 essentials, ISSN 2197-6716 (electronic) https://doi.org/10.1007/978-3-658-36328-4.

Hund, A. (2021). Der gesetzliche Mindestlohn Online: https://www.merkur.de/leben/karriere/niedriglohn-mindestlohn-erhoehung-plaene-koalitionsvertrag-beschaeftigte-gehalt-zr-91197781.html. Zugegriffen: 20. Juni 2022.

Kauffeld S., & Maier, G. W. (2020). Schöne digitale Arbeitswelt – Chancen, Risiken und Herausforderungen. Gr Interakt Org, 51, 255–258. https://doi.org/10.1007/s11612-020-00532-y. Zugegriffen: 11. Nov. 2020.

Kluge, L., Schwarze, B., & Spiekermann, K. (2017). Raumbeobachtung Deutschland und angrenzende Regionen. In MORO-Praxis 11 (Hrsg.), Selbstverlag des Bundesinstituts für Bau-, Stadt- und Raumforschung (BBSR) im Bundesamt für Bauwesen und Raumordnung.

Kokam, M. F. A. (2015). Softwaregestützte Ableitung von wertsetzenden Indikatoren für ein stadtklimagerechtes Bauen an einem konkreten Planungsvorhaben. Bachelorthesis Hochschule für Wirtschaft und Technik Berlin.

Koppe, C. (2005). Gesundheitsrelevante Bewertung von thermischer Belastung unter Berücksichtigung der kurzfristigen Anpassung der Bevölkerung an die lokalen Witterungsverhältnisse. Dissertation Albert-Ludwigs-Universität, Freiburg i. Brsg. https://freidok.uni-freiburg.de/data/1802. Zugegriffen: 7. Dez. 2019.

Koppe, C., Kovats, S., Jendritzky, G., & Menne, B. (2004). *Heat-waves: Risks and responses.* (Hrsg.), World Health Organization Regional Office for Europe ISBN 92 890 1094 0.

Kujath, H. J., & Moss, T. (1998). Wege zu einer Ökologisierung der Stadt und Regionalentwicklung. In Räumliche Umweltvorsorge, Institut für Regionalentwicklung und Strukturplanung. In Th. Weith (Hrsg.), Sigma, Rainer Bohn Berlin.

Lukas, W. (2011). Migranten im Niedriglohnsektor. BMF [Bundesministerium für Forschung]. https://www.bamf.de/SharedDocs/Anlagen/DE/Forschung/WorkingPapers/wp39-migranten-im-niedriglohnsektor.pdf?__blob=publicationFile&v=11. Zugegriffen: 24. Mai 2022.

Maier, G. W. (2018). Sozialisation. In Gabler Wirtschaftslexikon Springer Fachmedien Wiesbaden. https://wirtschaftslexikon.gabler.de/definition/sozialisation-43285. Zugegriffen: 05. Aug. 2019.

Reichel, F. X. (2002). Taschenatlas der Toxikologie (2. Aufl.). Thieme Stuttgart.

Reiß-Schmidt, S. (2017). Vorschlag zur Verankerung des Belangs „Umweltgerechtigkeit" in § 1 Baugesetzbuch (BauGB). Unveröffentlicht.

Reuter, U., & Kapp, R. (2012). Städtebauliche Klimafibel. Ministerium für Wirtschaft, Arbeit und Wohnungsbau Baden-Württemberg. http://www.staedtebauliche-klimafibel.de/. Zugegriffen: 28. Sept. 2019.

Robine, J. M., Cheung, S. L., Le Roy, S., Oyen, van H., & Herrmann, F. R. (2007). *Report on excess mortality in Europe during summer 2003. (EU Community Action Programme for Public Health, Grant Agreement 2005114).* Health & Consumer Protection Directorate General https://ec.europa.eu/health/ph_projects/2005/action1/docs/action1_2005_a2_15_en.pdf. Zugegriffen: 10. Aug. 2019.

Schroedter, J. H. (2006). Binationale Ehen. Statistisches Bundesamt Wiesbaden. https://www.destatis.de/DE/Methoden/WISTA-Wirtschaft-und-Statistik/2006/04/binationale-ehen-042006.pdf?__blob=publicationFile. Zugegriffen: 24. Mai 2022.

Schroll-Machl, S. (2003). *Doing Business with Germans. Their Perception – Our Perception.* Vandenhoeck & Ruprecht.

Sharafkhani, R. et. al. (2018). *Physiological Equivalent Temperature Index and Mortality in Tabriz. (The Northwest of Iran),* Elsevier 2018.

Steinhilper, E., Zajak, S., & Roose, J. (2019). Umkämpfte Teilhabe Pluralität, Konflikt und Soziale Bewegung, Editorial. In Forschungsjournal Soziale Bewegungen, De Gruyter https://doi.org/10.1515/fjsb-2019-0040. Zugegriffen: 12. Juli 2020.

Stronegger, W. J., & Feidl, W. (2004). Infrastrukturgerechtigkeit am Beispiel Wohnumfeld und Gesundheit in einer urbanen Population. In G. Bolte & H. Mielck (Hrsg.), *Umweltgerechtigkeit – Die soziale Verteilung von Umweltbelastungen, Juventa Weinheim München.*

StudWerk [Studentenwerk]. (2021). Wissenschaft und Weltoffen. https://www.studentenwerke.de/de/content/internationalisierung-zahlen. Zugegriffen: 24. Mai 2022.

TU[Technische Universität Berlin]. (2021). Stadtklimatologie. Online: https://www.klima.tu-berlin.de/index.php?show=stadtklima_start&lan=de. Zugegriffen: 19. Aug. 2022

UBA [Umweltbundesamt]. (2017). Hintergrundinformationen zum Handbuch für Emissions-faktoren im Straßenverkehr. In Mensch und Umwelt (Hrsg.), Umweltbundesamt https://www.umweltbundesamt.de/sites/default/files/medien/2546/dokumente/faqs_hbefa.pdf. Zugegriffen: 16. Okt. 2019.

UN-Konferenz [United Nations Conference]. (1996). Nachhaltigkeitsprogramm für das 21. Jahr-hundert. Kap. 7 Nachhaltige Siedlungsentwicklung (S. 37–59). https://www.bmu.de/fileadmin/bmu-import/files/pdfs/allgemein/application/pdf/agenda21.pdf. Zugegriffen: 31. Aug. 2019.

UVPG [Gesetz über die Umweltverträglichkeitsprüfung]. (i. d. F.). vom 24.02.2010 (BGBl. I/94).

ZAMG [Zentralanstalt für Meteorologie und Geodynamik]. (2021). CLARITY: Ein Klima-Stadt-planungs-Tool für die Öffentlichkeit. https://www.zamg.ac.at/cms/de/klima/news/clarity-ein-klima-stadtplanungs-tool-fuer-die-oeffentlichkeit. Zugegriffen: 06. April 2021.

Weiterführende Literatur

Bänsch-Baltruschat, B. et al. (2019). POP-Implement: Beiträge zur Umsetzung der Stock-holm-Ziele (Beschränkung und Eliminierung) für relevante Anwendungen bestimmter POP – Umsetzung des Stockholmer Übereinkommens in Deutschland. (Hrsg.), Umweltbundesamt https://www.umweltbundesamt.de/service/glossar/p?tag=POP#alphabar. Zugegriffen: 30. Sept. 2019.

BGBl [Bundes-Gesetz-Blatt]. (2017). Bundes-Bodenschutz- und Altlastenverordnung vom 12. Juli 1999 S. 1554), zuletzt geändert durch Artikel 3 Absatz 4 der Verordnung vom 27. September 2017 (BGBl. I S. 3465.

Koppe, C. (2005). Gesundheitsrelevante Bewertung von thermischer Belastung unter Berück-sichtigung der kurzfristigen Anpassung der Bevölkerung an die lokalen Witterungsverhältnisse, Dissertation Albert-Ludwigs-Universität. https://freidok.uni-freiburg.de/data/1802. Zugegriffen: 7. Dez. 2019.

UVPG [Gesetz über die Umweltverträglichkeitsprüfung]. (i. d. F.). vom 24.02.2010 (BGBL.I/94).

Schnittmengen von Umwelt-, Klima- und Gesundheits(un)gerechtigkeit – ein Fazit

4

Umweltzerstörung, Umweltstörung, Umweltbelastung, Gesundheitsbelastung, Gesundheits-beeinflussung, Klimastörung, Klimabelastung, Klimawirkung, anthropogene Umweltzer-störung, anthropogene Klimastörung, Klimaerwärmung, Bodenverdichtung, Ballungsräume, Megastädte, Raumreduktion, Stadtklima, Umweltkatastrophe, globale Erwärmung, lokale Erwärmung, Klimawandel.

Welche Rolle spielt die Digitalisierung im Zusammenhang mit Klimastörung? Wie hoch ist der Anteil der atmosphärischen Erwärmung infolge von Abwärme? Welchen Anteil hat Digitalisierung an der Abgabe von Abwärme in die Atmosphäre? Welchen Anteil an der atmosphärischen Erwärmung haben verdichtete Ballungsräume, Mega-städte und großflächige Bodenverdichtungsanlagen, wie z. B. Gewerbegebiete und Standorte von Logistikunternehmen? Welche gesundheitsrelevanten Beeinflussungen entstehen infolge von Klimastörungen? Welche sozioökonomischen Beeinflussungen entstehen infolge des Klimawandels? Wie hängen Umweltzerstörung und Armut zusammen? Wieso hängen Hunger, Armut, Flucht und Umweltzerstörung zusammen?

In der Abb. 4.1 sind die Zusammenhänge von Umwelteinfluss, Umweltzerstörung, Klimastörung und der Einfluss des gestörten Klimas auf die Gesundheit der Menschen schematisch und stark vereinfacht dargestellt.

Erste ernstzunehmende Schritte werden mit der Neuauflage des Themas ‚Soziale Stadt' vom Bundesinstitut für Bau-, Stadt- und Regionalplanung (BBSR), welches dem Bundesministerium für Wohnen, Stadtentwicklung und Bauwesen (BMWSB) zugeordnet ist, mit der Aktion ‚Zukunft Bauen' in Angriff genommen (BBSR, 2017).

Es wird für eine zukunftsfähige Stadt- und Regionalentwicklung, auch unter der Berücksichtigung von Siedlungsbau am Rande der Großstädte, notwendig sein, den Umweltgerechtigkeitsansatz in den frühzeitigen Planungen zu implizieren. Es geht dabei vor allem darum Aggregationen und Segregationen zu verhindern – sozusagen

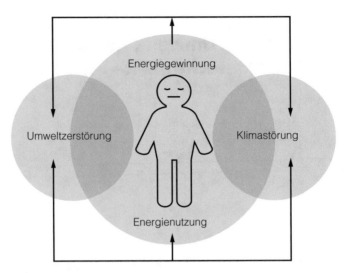

Abb. 4.1 Die anthropogene Umweltzerstörung und Klimastörung infolge von Ressourcenverbrauch und deren Gesundheitsrelevanz

den Bourdieu'schen ,Sozialen Raum' unter Teilhabe aller mittelbar und unmittelbar Betroffenen zu gestalten. Es steht in diesem Zusammenhang zu erwarten, dass sich die sogenannten „unwirtlichen Städte" in sozialagierende Gemeinschaften entwickeln können. Dazu gehört neben der organisierten Infrastrukturgerechtigkeit auch die gelebte Teilhabekultur, die auf Wissens- und informeller Bildungsgerechtigkeit basiert (vgl. Abb. 4.3).

In diesem Zusammenhang ist auch der globale Wandel hin zu Wissens-, Dienstleistungs- und Kommunikationsgesellschaften in fast allen menschlichen Gesellschaften der Erde festzustellen, so dass zwangsläufig neue Wirtschaftsmodelle, wie Plattformmonopole, Informationstechnologien und weitere bei zukünftigen öffentlichen Planungsvorhaben und bei der Bewertung neuer Sozialisationsprozesse zu berücksichtigen[1].

4.1   Zukunftsfähige politische Instrumente im Kontext von Wissens- und Befähigungserwerb, Bildung, Teilhabe und Arbeit

Welche zukunftsfähigen Handlungsfelder werden die postindustrielle und die sich derzeit entwickelnde Wissensgesellschaft prägen? Wie werden wir mit der aktuellen anthropogenen Umweltzerstörung umgehen? Was bedeutet in diesem Zusammenhang

---

[1] Zur weiteren Vertiefung wird auf Grafe Umweltgerechtigkeit, Arbeit, Sozialisation, Teilhabe und Gesundheit (2020) verwiesen.

Klimaneutralität? Wieviel Wissen und Erkenntnisse braucht es, der Umweltzerstörung und der anthropogenen Klimastörung zu begegnen? Welche Kompetenzen werden für die Wissensgesellschaft erwartet und wie sind diese zu erreichen?

Die sich aktuell wandelnde postindustrielle Wirtschaft hin zur Dienstleistungsgesellschaft optioniert starke gesellschaftliche Veränderungen. Herkömmliche institutionelle Bildungsmodelle werden infrage gestellt werden. Bildung wird mit großer Wahrscheinlichkeit auch zukünftig vom jeweiligen Sozialraum des Menschen dominiert sein, wobei die jeweiligen sozialen Räume im Zeitfenster eines Lebens unterschiedliche sein können. Das impliziert schon die aktuelle Herausforderung nach einem lebenslangen Lernen. Da dem jeweiligen Sozialen Raum eine zentrale Rolle für Wissens- und Bildungs- und Befähigungserwerb zukommt, werden der formaler und non-formaler inkl. informeller Bildungserwerb sind neu zu definieren müssen. Chancengleichheit und Teilhabe werden zukünftig darüber entscheiden, wie zukunftsfähig eine Gesellschaft ist. Die Orte für den Bildungserwerb werden sich ändern müssen. Sie werden mehrheitlich im ‚Sozialen Raum' Arbeits(um)welt liegen. Infolge der zunehmenden Gentrifizierung der Gesellschaft wird die Arbeits(um)welt zunehmend eine deutlich höhere Verantwortung für die Vermittlung bildungstypischer Komponenten tragen müssen (Kabas, 2007). Der Begriff der ‚Nachhaltigkeit' kommt ursprünglich aus der Forstwirtschaft und bedeutet sinngemäß, dass nur so viel an Baumbestand entnommen werden darf, wie im entsprechenden Zeitfenster nachwachsen kann. Der Begriff wird derzeit inflationär für alle möglichen Prozesse verwendet. Die Weltkommission für Umwelt und Entwicklung veröffentlichte 1987 einen nach ihrem Vorsitzenden, Gro Harlem Brundtland, benannten Bericht unter dem Titel „*Our Common Future*" (dtsch. Unsere gemeinsame Zukunft). Der Brundtland-Bericht der Weltkommission für Umwelt und Entwicklung enthielt erstmals eine konkrete Definition des Begriffs ‚Nachhaltige Entwicklung'.

> „Nachhaltige Entwicklung (engl. sustainable development) bezeichnet eine Entwicklung, die den Bedürfnissen der jetzigen Generation dient, ohne die Möglichkeiten künftiger Generationen zu gefährden". (Brundtland Commission, 1987)

Seither hat sich der Begriff der Nachhaltigkeit in allen Lebensbereichen etabliert. Nachhaltigkeit und Zukunftsfähigkeit stehen im Kontext für den vorsorglichen Umgang mit natürlichen Ressourcen der Welt, zu denen auch die Lebensumwelt der Menschen mit all ihren Facetten zählt. Auch der ganzheitliche Begriff der Umwelt macht das sehr deutlich. Der sich aus dem Spannungsfeld von Chancengleichheit und Chancenungleichheit heraus entwickelte Ansatz der Umweltgerechtigkeit umfasst demzufolge Themenfelder der Nachhaltigkeit wie

- Schutz der Umweltkompartimente,
- Chancengleichheit für Wissens-, Bildungs- und Befähigungserwerb,
- Teilhabe an Arbeit und der Zivilgesellschaft.

Insofern gehören auch die Arbeitsumwelten inkl. der Wissensumwelten dazu. Es wird zukünftig mehr denn je notwendig sein, einen transdisziplinären Ansatz für die wissenschaftliche Forschung und Bewertung der sich wandelnden Gesellschaft zu wählen, um zukunftsfähiges politisches Handeln zu ermöglichen[2].

4.1.1   Praxisansätze für Städte, Gemeinden und Kommunalverwaltung

Welche Praxisansätze sind geeignet für eine umweltgerechte Planung? Welche Instrumente stehen dafür Städten und Gemeinden zur Verfügung? Welche Kompetenzen sind dafür notwendig? Welche verwaltungsinternen Herausforderungen müssen gemeistert werden? Welche elektronischen Hilfsmittel sind erforderlich? Welche politischen Impulse sind notwendig?

Mit dem vom BMI 1999 ins Leben gerufene Städtebauförderprogramm Soziale Stadt wurde ein erster Baustein für sozialraumbezogene Initiativen im Hinblick auf soziale Umweltgerechtigkeit inkl. Teilhabe- und Verfahrensgerechtigkeit gelegt. Alle nachfolgenden Bauministerien haben diesen Prozess aufrechterhalten. Eine Vielzahl von Kommunen (Städte und Gemeinden) haben sich diesem Prozess und seinen Herausforderungen seither angeschlossen (BBSR, 2020). Stadtteile mit besonderem Entwicklungsbedarf konnten im Zuge dieses Förderprogramms vor allem kleinräumige Stadtteile aufwerten und häufig auch zu einer sozialen Stabilisierung der Bewohnerschaft beitragen. So entstand eine Vielzahl an Aktivitäten, die von der Umsetzung von mehr Umweltgerechtigkeit in den Stadtquartieren aber auch in größeren Gemeinden zeugen (Böhme, 2019). Von ausschlaggebender Bedeutung ist dabei der Erfolg einer kooperativen Zusammenarbeit von Politik und Verwaltung. Dabei geht es auch um Infrastrukturgerechtigkeit. Der Ansatz für eine zukunftsfähige Raumordnung wird auf einer neuen Infrastrukturordnung fußen müssen, die vor allem den Aspekt einer Fundamentalökonomie[3] berücksichtigt (Zademach, 2022). Im Folgenden sind die dementsprechenden Kernthesen für den Bereich Kommunalverwaltung und Politik zur Einführung, Weiterführung oder Umsetzung des Umweltgerechtigkeitsansatzes exemplarisch aufgeführt:

- Fachlich präzise Kooperation von Politik und Fachämtern;
- Umweltgerechtigkeitsansatz und Bestandsanalyse;
- Bestandsaufnahme von bestehenden Aktivitäten, die dem Umweltgerechtigkeitsansatz entsprechen;

---

[2] Zur Vertiefung wird auf Grafe Umweltgerechtigkeit: Arbeit, Sozialisation, Teilhabe und Gesundheit (2020) verwiesen.

[3] Fundamentalökonomie: Auf Infrastruktur basierende Ökonomie für Städte und Gemeinden.

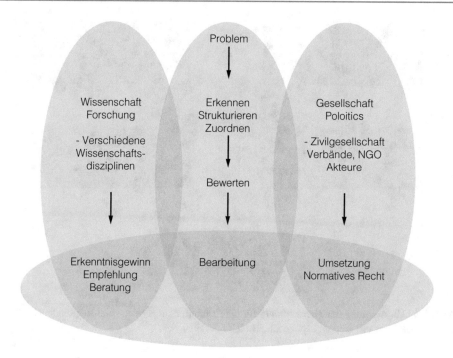

Abb. 4.2 Inter- und Transdisziplinarität ein Wirkungsfeld für zukunftsfähiges politisches Handeln

- Erfassung vorhandener Aktivitäten und Instrumente für den Umweltgerechtigkeits-
  ansatz;
- Evaluation vorhandener Aktivitäten und Instrumente;
- Auswertung der durchgeführten Evaluationsprozesse in Bezug auf Kooperation und.
- Partizipation für Umwelt- und Gesundheitsgerechtigkeit;
- Schaffung von Ämterkooperation im Sinne eines Komplexmanagements;
- Schaffung eines gemeinsamen dialoggeführten Datenpools;
- Schaffung von Schnittstellen mit externen Akteuren im Themenfeld;
- Kooperation mit allen Bildungsträgern inkl. institutioneller Bildungseinrichtungen;
- Kooperation der Wirtschaftsförderung mit ansässigen Unternehmen im Themenfeld.
- Wissensvermittlung, Weiterbildung und Befähigungserwerb;
- Stärkung der Arbeitssoziologie in Unternehmen und Forschung;
- Stärkung der Inter- und Transdisziplinarität von Forschung und Anwendung;
- wissenschaftlicher Erkenntnisse in der Praxis der Kommunen (vgl. Abb. 4.2).

„Während interdisziplinäre Arbeit auf ein Mehr an Erkenntnis setzt, zielt transdisziplinäre
Arbeit auf Erkenntnisse, die in anderen Wissenschaftsdisziplinen gewonnen werden. Das
bedeutet, dass thematisch und methodisch über die Grenzen der eigenen Disziplin hinaus-
zugehen, sich aber stets der eigenen disziplinären Verantwortung bewusst zu sein". (Baer,
2016)

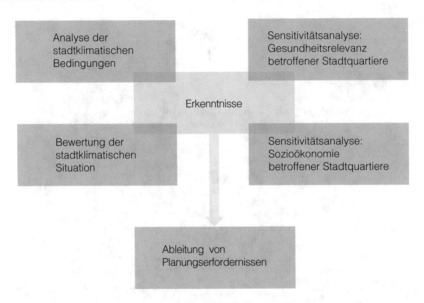

Abb. 4.3 Verknüpfung der Themenfelder für eine zukunftsfähige Stadt- und Regionalentwicklung für das Ziel: Umweltgerechtigkeit. (nach HLNUG, 2019)

Das bedeutet zwar auch, dass die Verwaltungen, die in der jeweiligen Verantwortung stehen, sowohl mit der entsprechenden Fachkompetenz ausgestattet als auch mit der Befähigung zur transdisziplinären Arbeit qualifiziert sind, weil genau das zukunftsfähige Arbeit in Verwaltung von Kommunen bedeuten wird (Böhme, 2019).

4.1.2   Offene Handlungsfelder für Forschung und Legislative/ Politics

Welche Aufgaben und Herausforderungen stehen derzeit an? Welche Erneuerung von Wissens-, Bildungs- und Befähigungserwerb ermöglicht Zukunftsfähigkeit?

Handlungsfeld Wissens – und Befähigungserwerb, Teilhabe und Arbeit[4]
Für die Zukunftsfähigkeit der Gesellschaft bedarf es Chancengleichheit für Wissens-, Bildungs- und Befähigungserwerb auf der Basis von Infrastrukturgerechtigkeit. Dafür gilt es, einen Rechtsrahmen für eine bessere und vor allem barrierefreie Wissens-, Befähigungs- und Bildungsvermittlung zu schaffen. Das umfasst:

---

[4]Zur Vertiefung wird auf Grafe Umweltgerechtigkeit: Wissens- und Bildungserwerb, Teilhabe und Arbeit (2020) verwiesen.

- Schaffung eines rechtsverbindlichen Rahmens für qualifikationsgleiche Schulabschlüsse mit dem Ziel der Harmonisierung der Wissensabschlüsse für den Zugang zu Hochschulen und anderen weiterführenden Bildungseinrichtungen;
- Sicherstellung von Kontinuität der Wissensvermittlung und Ausbildung – Verzicht auf Experimente;
- Schaffung eines Rechtsrahmens für Zusammenarbeit und Austausch von Wirtschaft und den Institutionen der formalen Wissens- und Bildungsvermittlung;
- Ausweitung der Kooperation von Hochschulen und Universitäten mit den allgemeinbildenden Schulen und Gymnasien z. B. durch beidseitiges Mentoring;
- Schaffung von Weiterbildungsmöglichkeiten in der Arbeits(umwelt) mit Fokus auf Digitalisierung und Informationstechnologien;
- Vermittlung von Wissens- und Bildungsinhalten in der frühen Sozialisationsphase zu Umweltverhalten, Umweltbeeinflussung, Umweltbelastung und Klimastörung.

Die Herausforderungen und Aufgaben, die sich bei der Implementierung des Themenfeldes Wissens- und Befähigungserwerb, Teilhabe und Arbeit im Kontext mit Umwelt- und Klimagerechtigkeit ergeben, sind nur zu bewerkstelligen, wenn eine konsensfähige Zusammenarbeit zwischen Verantwortlichen aus Politik und Gesellschaft, den Forschungsbereichen Gesundheits- und Sozialwissenschaften und einer fachkompetenten Verwaltung in den jeweiligen Fachämtern möglich wird. Schlüsselfunktionen kommen in diesem Kontext der transdisziplinären Forschung den Erziehungs-, Bildungs- und Sozialwissenschaften zu (Hornberg, 2011).

Für die Zukunftsfähigkeit der Gesellschaft bedarf es Chancengleichheit für Wissens-, Bildungs- und Befähigungserwerb auf der Basis von Infrastrukturgerechtigkeit. Dafür gilt es, einen Rechtsrahmen zu schaffen, der eine bessere Wissens-, Befähigungs- und Bildungsvermittlung ermöglicht. Gefragt sind in diesem Zusammenhang Akteure aus Politik, den Bildungseinrichtungen für institutionelle und informelle Sozialisation und alle institutionellen Einrichtungen für Wissensvermittlung.

Handlungsfeld Gesundheitsbelastungen infolge von Umwelt- und Klimastörung
Gleichwertig mit den zukünftigen Herausforderungen an eine zukunftsfähige Wissens- und Befähigungsvermittlung steht auch das Handlungsfeld von Umweltzerstörung, Klimastörung und Gesundheit[5]. In diesem Zusammenhang gilt es:

- Einen Rechtsrahmen für eine Gesundheitsverträglichkeitsprüfung in Analogie zur Umweltverträglichkeitsprüfung zu schaffen;
- Den Umweltgerechtigkeitsansatz in das bestehende BauGB einzubinden;

---

[5] Zur Vertiefung wird auf Grafe Umwelt- und Klimagerechtigkeit – Digitalisierung, Energiebedarfe, Klimastörung und Umwelt(un)gerechtigkeit (2021) verwiesen.

- Forschungsinitiativen zum Thema sozialrauminduzierte Gesundheitsungleichheit und zielgruppenorientierte Untersuchungen im Kontext von Umweltgerechtigkeit zu schaffen bzw. zu unterstützen;
- Gesundheitsbezogene Risikobewertungen von sozialräumlichen Umweltbeeinflussungen im Rahmen von Planverfahren gesetzlich verankern;
- Die Administration bei der personellen Ausstattung und deren Organisationsbedürfnisse zu unterstützen.

Die Herausforderungen und Aufgaben, die sich bei der Implementierung des Themenfeldes Umwelt, Gesundheit und soziale Lage ergeben, sind nur zu bewerkstelligen, wenn eine konsensfähige Zusammenarbeit zwischen Verantwortlichen aus der Politik und Gesellschaft, den Forschungsbereichen Gesundheits- und Sozialwissenschaften und einer fachkompetenten Verwaltung in den jeweiligen Fachämtern möglich wird.

Das Ziel: Herstellung gleichwertiger Lebensbedingungen auf der Basis von Infrastrukturgerechtigkeit sollte Ansporn für alle Beteiligten sein. Nach Stronegger (2004) stellt gerade diese Infrastrukturgerechtigkeit für alle planerischen Vorhaben, in welchem kommunalen Siedlungssegment auch immer, die Basis für zukünftige Teilhabe und umweltgerechtere Gestaltung der Lebenssituationen der Bewohner dar.

Literatur

Baer, S. (2016). Humboldt Universität, Berlin. https://www.rewi.hu-berlin.de/de/lf/ls/bae/wissen/intertransdisziplinaritaet/index.htm. Zugegriffen: 7. Juni 2020.

BBSR [Bundesinstitut für Bau-, Stadt- und Raumforschung]. (2017). Klimarelevanter Stadtumbau; Bilanz und Transfer von StadtKlima ExWoSt, ISBN 978-3-87994-186-5. https://www.bbsr.bund.de/BBSR/DE/veroeffentlichungen/sonderveroeffentlichungen/2017/klimaresilienter-stadtumbau-dl.pdf?__blob=publicationFile. Zugegriffen: 3. Juni 2022.

BBSR [Bundesinstitut für Bau-, Stadt- und Raumforschung]. (2020). Städtebauförderprogramm. https://www.staedtebaufoerderung.info/DE/Programme/SozialerZusammenhalt/sozialerzusammenhalt_node.html. Zugegriffen: 4. Juni 2020.

BMWSB [Bundesministerium Wohnen, Stadtentwicklung und Bauen]. (2022). Bauen von morgen: Zukunftsthemen und Szenarien, Forschungsoffensive online: https://www.zukunftbau.de/. Zugegriffen: 4. Juni 2022.

BMI [Bundesministerium für Städtebau und Heimat]. (1999). Förderprogramm Soziale Stadt. Bundesministerium für Städtebau und Heimat. https://www.staedtebaufoerderung.info/StBauF/DE/Programm/SozialeStadt/soziale_stadt_node.html. Zugegriffen: 21. Okt. 2019.

Böhme, Ch., Franke, T., & Preuss, T. (2019). Umsetzung einer integrierten Strategie zu Umweltgerechtigkeit – Pilotprojekt in deutschen Kommunen. Umweltbundesamt. https://difu.de/publikationen/2019/umsetzung-einer-integrierten-strategie-zu.html. Zugegriffen: 16. Okt. 2019.

BMU [Bundesministerium für Justiz und Verbraucherschutz]. (2017). Stockholm-Konvention. (Hrsg.), Bundesministerium für Justiz und Verbraucherschutz. https://www.bmu.de/themen/gesundheit-chemikalien. (Zugegriffen:) Kap4.

Brundtland Kommission. (1987). *Our common future*. In V. Hauff (Hrsg.), Oxford University Press.

Grafe, R. (2020a). Umweltgerechtigkeit: Wissens- und Bildungserwerb, Teilhabe und Arbeit. ISBN 978-3-658-32097-3, ISBN 978-3-658-32098-0 (eBook), ISSN 2197-6708 (essentials), ISSN 2197-6716 (electronic) https://doi.org/10.1007/978-3-658-32098-0.

Grafe, R. (2020b). Umweltgerechtigkeit: Arbeit, Sozialisation, Teilhabe und Gesundheit. ISBN 978-3-658-33748-3, ISBN 978-3-658-33749-0 (eBook), ISSN 2197-6708 (essentials) ISSN 2197-6716 electronic), https://doi.org/10.1007/978-3-658-33749-0.

Grafe, R. (2021). Umwelt- und Klimagerechtigkeit: Digitalisierung, Energiebedarfe, Klimastörung und Umwelt(un)gerechtigkeit. ISBN 978-3658-36327-7, ISBN 978-658-36328-4 (eBook), ISSN 2197–6708 essentials, ISSN 2197-6716 (electronic) https://doi.org/10.1007/978-3-658-36328-4.

HLNUG [Hessisches Landesamt für Naturschutz, Umwelt und Geologie]. (2019). Handlungsleitfaden für Kommunale Klimaanpassung in Hessen – Hitze und Gesundheit -, Infobroschüre https://www.hlnug.de/fileadmin/shop/publikationen/vv.pdf. Zugegriffen: 5. Juni 2022.

Hornberg, C., Bunge, C., & Pauli, A. (2011). *Strategiepapier für mehr Umweltgerechtigkeit – Handlungsfelder für Forschung, Politik und Praxis*. (Hrsg.), Universität Bielefeld ISBN 978-3-933066-46-6.

Kabas, C. (2007). Schöne neue Arbeitswelt – Veränderung und zukünftige Entwicklung in der Arbeitswelt und die damit verbundenen Folgen. In Psychologie in Österreich Heft 3. https://www.boep.or.at/service/fachzeitschrift-psychologie-in-oesterreich. Zugegriffen: 30. Juni 2020.

Stronegger, W. J., & Feidl, W. (2004). Infrastrukturgerechtigkeit am Beispiel Wohnumfeld und Gesundheit in einer urbanen Population. In G. Bolte & H. Mielck (Hrsg.), *Umweltgerechtigkeit – Die soziale Verteilung von Umweltbelastungen, Juventa Weinheim München*.

Zademach, H.- M., & Dudek, S. (2022). Soziale Infrastruktur und räumliche Gerechtigkeit: Zum Potenzial des Ansatzes der Fundamentalökonomie, Arbeitsberichte der ARL: Aufsätze. In M. Miosga, S. Dudek, & A. Klee (Hrsg.), Neue Perspektiven für eine zukunftsfähige Raumordnung in Bayern (Bd. 35, S. 138–150). ARL – Akademie für Raumentwicklung in der Leibniz-Gemeinschaft. https://ideas.repec.org/h/zbw/arlaba/251809.html. Zugegriffen: 8. Juni 2022.

Weiterführende Literatur

BBSR [Bundesinstitut für Bau-, Stadt- und Raumforschung]. (2020). Städtebauförderprogramm. https://www.staedtebaufoerderung.info/DE/Programme/SozialerZusammenhalt/sozialerzusammenhalt_node.html. Zugegriffen: 4. Juni 2022.

Böhme, C. Franke, T., & Preuss, T. (2019). Umsetzung einer integrierten Strategie zu Umweltgerechtigkeit – Pilotprojekt in deutschen Kommunen. (Hrsg.), Umweltbundesamt. https://difu.de/publikationen/2019/umsetzung-einer-integrierten-strategie-zu.html. Zugegriffen: 16. Okt. 2019.

BGBl [Bundes-Gesetz-Blatt]. (2017). Bundes-Bodenschutz- und Altlastenverordnung vom 12. Juli 1999 S. 1554), zuletzt geändert durch Artikel 3 Absatz 4 der Verordnung vom 27. September 2017 (BGBl. I S. 3465).

BImSchG [Bundes-Immissions-Schutz-Gesetz]. (1974). Gesetz zum Schutz vor schädlichen Umwelteinwirkungen durch Luftverunreinigungen, Geräusche, Erschütterungen und ähnliche Vorgänge Letzte Änderung: Art. 1 vom 8. April 201, in Kraft getreten am 12. April 2019.
UVPG [Gesetz über die Umweltverträglichkeitsprüfung] i. d. F. vom 24.02.2010 (BGBL. I/94).

Glossar: Umwelt- und Klimagerechtigkeit

Abbau (biol. techn.) Begriff wird häufig für einen Stoffabbau zu anderen, meist kleineren Stoffen, in der Biosphäre benutzt.

Additiv (techn. chem.) Zusatzstoff zur Verbesserung der Materialeigenschaften.

Administration (lat. administrare: verwalten; jur.) Verwaltung im Sinne von verwaltenden Behörden in Kommunen, Ländern eines Staatswesens.

Aerodynamischer Durchmesser (techn. phys. med.) Durchmesser einer Kugel mit einer Dichte von 1 g/cm^3 und der gleichen Sinkgeschwindigkeit in ruhender Luft wie die benachbarten Partikel bei gleichen Temperatur-, Feuchte- und Druckbedingungen steht auch für die Gängigkeit von Partikeln in Organismen.

Aerosol (griech. aero: Luft; sol: Lösung; meteo. techn. med.) Fester oder flüssiger Schwebstoff in Gasen; häufig wird ein Luftgemisch aus festen und flüssigen Komponenten so bezeichnet.

Aggregation (lat. aggregare; ansammeln; soz.) Verdichtung infolge koordinierten Hadelns zu strukturellen Gegebenheiten.

Akkumulation (lat. accumulatore: sammeln; biol.) Anreicherung von Stoffen im Organismus.

Altast (techn. jur.) Schadstoff, der vor längerer Zeit in den Boden gelangt war und dort verblieben ist.

Alterung (chem.) Veränderung der biologischen Struktur durch chemische Stoffe, die im Laufe von Stoffwechselvorgängen entstehen.

Anlage (techn. ökon. jur.) Üblicherweise ein Betrieb oder ein Unternehmen, in dem Produkte hergestellt werden.

Anthropogen (griech: anthropos: Mensch) Von Menschen gemacht, verursacht/ hervorgerufen.

Anthropozän (griech: anthropos: Mensch) Zeitalter, das maßgeblich vom Menschen geprägt ist.

Aquifer (lat. aqua: Wasser) Alle natürlichen wasserstragenden Medien, wie Meere, Seen, Bäche, Flüsse und weitere.

Arbeitsmedizin (med. jur.) Teilgebiet der Humanmedizin, das sich mit der Gesundheitsvorsorge am Arbeitsplatz beschäftigt.

Arbeitsnomaden (soz.) Menschen, die möglichen Arbeitsstellen folgen.

Asbest (techn. chem.) Silikatisches Mineral, das als Brandschutz- und Wärmeisolationsmaterial im Baugewerbe eingesetzt wurde.

Asbestfaser (techn. chem. med.) Gesundheitsrelevante Mineralfaser, die aus Brandschutz- und Wärmeisolationsmaterial nach deren Alterung freigesetzt werden.

Atmosphäre (griech. atmos: Luft und griech. sphaira: Kugel; meteo. phys.) Gashülle der Erde, die durch die Masseanziehung der Erde gehalten wird. Die bodennahe Atmosphäre wird auch als Luft bezeichnet.

Aufkonzentration (phys.) Die sukzessive Aufnahme von Komponenten, die eine höhere Konzentration in einem Volumen bewirken.

Aufnahmepfad (med. ökol.) Weg der Aufnahme von Stoffen in einen Organismus.

Baugesetzbuch (jur.) Das deutsche Baugesetzbuch (BauGB), dessen Vorgänger das Bundesbaugesetz ist, ist das wichtigste Gesetz des Bauplanungsrechts. Seine Bestimmungen haben großen Einfluss auf Gestalt, Struktur und Entwicklung des besiedelten Raumes und Bewohnbarkeit der Städte und Dörfer

Bauleitplanung (jur.) Die Bauleitplanung ist ein Planungswerkzeug zur Lenkung und Ordnung der städtebaulichen Entwicklung einer Stadt oder Gemeinde in Deutschland. Sie wird zweistufig in einem formalen bauplanungsrechtlichen Verfahren vollzogen, das im Baugesetzbuch (BauGB) umfassend geregelt ist.

Bebauungsfolgen Assessment (arch. ökol. med.) Prüfverfahren für die Beurteilung von Bebauungsfolgen in ökologischer, stadtklimatischer und umweltmedizinischer Sicht.

Bebauungsplan (jur.) Ein Bebauungsplan (B-Plan) regelt in Deutschland die Art und Weise einer möglichen Bebauung von Grundstücken. Darüber hinaus regelt er die von einer Bebauung frei zu haltenden Flächen.

Belastung (tox. med.) Kurz oder länger anhaltender Kontakt mit schädigenden Stoffen oder physikalischen Faktoren wie Lärm, Wärme, Strahlung.

Betrieblicher Umweltschutz (ökon. jur.) Umfasst alle Umweltschutzmaßnahmen im Rahmen eines betrieblichen Prozesses.

Bildungsgerechtigkeit (jur. soz.) Bildungsgerechtigkeit bezeichnet eines das Ideal von individuellen Faktoren wie Gender, ethnischer oder sozialer Herkunft, ökonomischer Leistungsfähigkeit, religiöser oder politischer Anschauung etc. unabhängigen Bildungssystems.

Bioaerosol (techn. med.) Aerosole mit biogenen Stoffen und Partikeln.

Bioakkumulation (lat. accumulare: sammeln; biol. med.) Anreicherung von Stoffen aus der Umwelt in Mikroorganismen, Pflanzen, Tieren und Menschen.

Biodiversität (biol. ökol.) Vielfältige Zusammensetzung von biologischen Arten in der Umwelt.

Bioklima (meteo.) Gesamtheit aller klimawirksamen Effekte auf Organismen. Dazu gehören lokale meteorologische Bedingungen wie UV-Strahlung, Wärmestrahlung, Luftfeuchte, Luftaustausch, Inversionswetterlagen, Besonnung.

Biometrie (griech. Bios: das Leben griech. metrein: messen; math. med. ökol.) Wissenschaftliche Disziplin, die Daten aus Biologie, Medizin und Ökologie mit Hilfe von mathematisch-statistischen Methoden auswertet.

Biometereologie (med. meteo) Metereologische Beeinflussung von Organismen.

Biomonitoring (med. ökol.) Dauerhafte Aufzeichnung biologischer und medizinischer Daten und Messergebnisse, die für eine Bewertung von Expositionen im Hinblick auf eine gesundheitsrelevante Wirkung und deren Folgen genutzt werden.

Biozid (agr. biol,) Stoff, der zur Minderung von unerwünschten Organismen eingesetzt wird.

Bodenaquifer (geol. ökol.) Bodenschichten, die infolge ihres Wasserhaltevermögens für die Abgabe von nennenswerten Wassermengen geeignet sind. Der Begriff schließt die ungesättigte Zone mit ein.

Bundes-Bodenschutz-Gesetz Gesetz der Bundesrepublik Deutschland

Bundes-Immissionsschutz-Gesetz Gesetz der Bundesrepublik Deutschland

Chlororganika (chem.) Organische Stoffe, die Chloratome enthalten.

Chronologie (griech. chronos: Zeit, Zeitverlauf und logos: Wort, Sinn, Vernunft; ökol. med. jur.) Zeitlicher Ablauf von Ereignissen.

Dekontamination/Sanierung (techn. ökol.) Beseitigung von schädlichen Stoffen.

Deposition (lat. depositio: Ablagerung; techn. ökol.) Ablagerung von Stoffen.

Desertifikation (meteo. ökol.) Ausdehnung von Wüsten bzw. wüstenähnlichen Land-schaften in Regionen der Erde, die aufgrund ihrer klimatischen Verhältnisse eigentlich kein Wüstenvorkommen aufweisen. Als Ursache dafür werden anthropogene Beein-flussungen gesehen z. B. die intensive Landnutzung.

Dioxine (chem.) Chemische Stoffgruppe mit hohem toxischen Potential.

Distribution (lat. distributio: Verteilung; phys.) Verteilung, Übergang eines Stoffes von einem Kompartiment in ein anderes.

Downcycling (engl.) Umwandlung von Abfallstoffen zu niedrigwertigen Materialien und Produkten.

Düseneffekt (meteo.) Der Düseneffekt beschreibt die Zunahme der Windgeschwindig-keit infolge der Kanalisierung der Strömung und Einengung des Strömungsquer-schnittes. Er wird durch Dicht- und Hochbebauung begünstigt.

Ecycling (engl.) Praxis der Wiederverwendung oder Verteilung von elektronischen Geräten und Komponenten zur Wiederverwendung, anstatt sie zu entsorgen.

Emission (lat. emittere: aussenden, fortschicken; techn. phys. ökol.) Abgabe von schädlichen Komponenten, wie Chemikalien, Stäuben und physikalischen Einflüssen, wie Strahlung und Lärm.

Evidenz (med. math.) Unmittelbare, mit besonderem Wahrheitsanspruch (unbezweifel-bare) auftretende Einsicht; Nachgewiesene Erscheinung oder nachgewiesener Effekt, der auf mehreren unabhängigen wissenschaftlichen Gutachten basiert.

Evolution (biol.) Biologische Entwicklung infolge von Anpassung oder Nichtanpassung; beruht auf Spontan- und provozierten Mutationen.

Exposition (med. ökol.) Gesamtheit aller äußeren Bedingungen bzw. Belastungen, denen ein Organismus ausgesetzt.

Expositionszeit (med. ökol.) Zeitdauer, die ein Organismus äußeren Bedingungen bzw. Belastungen ausgesetzt ist.

Fachinformationssystem (FIS) (comp.) Nutzerorientierte umfangreiche Datensammlung, die meist softwaregestützt in elektronischer Form vorliegt.

Feinstaub (techn. phys. med.) Für das menschliche Auge unsichtbarer Staub unterschiedlicher Zusammensetzung. Je kleiner die Staubteilchen sind, desto leichter gelangen sie in die Lunge und in die Zellen.

Feinststaub (techn. phys. med) Ultrafeiner Staub.

Flächennutzungsplan (FNP) (jur. ökol. soz.) Ist ein Planungsinstrument in Vorbereitung Bauleitplanung der öffentlichen Verwaltung im System der Raumordnung der Bundesrepublik Deutschland, mit dem die städtebauliche Entwicklung der Gemeinden gesteuert werden soll.

Fundamentalökonomie Infrastrukturbezogene Ökonomie

Gerechtigkeit (soz. jur.) Gerechtigkeit ist ein Prinzip eines gesellschaftlichen und/ oder staatlichen Verhaltens, jedem Mensch sein persönliches Recht in gleicher Weise gewährt bzw. zugebilligt werden soll.

Gesundheitsfolgenabschätzung (med. meteo.) Prüfverfahren für die Bewertung von Geplanten Maßnahmen in Hinblick auf ihren Einfluss auf die menschliche Gesundheit und die lokalen Klimatischen Verhältnisse.

Gesundheitsrisiko (med.) Wahrscheinlichkeit des Eintritts von gesundheitlichen Störungen infolge der Aufnahme von Schadstoffen oder durch physikalische Einwirkung; abhängig von der Exposition, der Toxizität oder schädlichen Beeinflussung und deren Wirksamkeit.

Gesundheitsverträglichkeitsprüfung (soz. med.) Medizinische Untersuchung zur Abschätzung der potenziellen Auswirkungen einer spezifischen Maßnahme auf die Gesundheit einer bestimmten Bevölkerungsgruppe mit dem, diese vor gesundheitsgefährdenden und -schädigenden Umwelteinflüssen zu schützen.

Grenzwerte (jur.) Gesetzlich verankerte Werte, die nicht überschritten werden dürfen, z. B. Fremdstoffe im Trinkwasser. Grenzwerte werden an den Stand der wissenschaftlichen Erkenntnisse angepasst.

Grundwasser (geol.) Wasser in der gesättigten Zone im Boden.

Herbizid (chem. agr.) Unkrautvernichtungsmittel; behindert das Wachstum von unerwünschten Pflanzen. Sein ökotoxisches und humantoxisches Potential wird derzeit noch kontrovers diskutiert.

Human-Biomonitoring (HBM) (med.) Methode der gesundheitsbezogenen Umweltbeobachtung. Im Rahmen eines HBM werden Körperflüssigkeiten und Gewebe des Menschen untersucht, um ihre Belastung mit Schadstoffen zu bestimmen.

Humanbiometerologie (HBM) (meteo.) Meteorologische Beeinflussung der menschlichen Gesundheit, häufig auch als Bioklima bezeichnet. Wird im Zusammenhang mit der Bewertung von stadtklimatischen Indikatoren diskutiert.

Humantoxikologie (med.) Lehre von der Giftigkeit der Stoffe für Menschen.

Hygiene (med. ökol.) Sicherstellung für die Gesunderhaltung der Menschen.

Immission (tech. ökol.) Durch Emission entstandene Anreicherung von schädlichen Komponenten in den Kompartimenten.

Immissionsfahne (techn. ökol.) Ausbreitung von unterschiedlichen Immissionen über eine Fläche oder im Raum. Immissionsfahnen können drei dimensional ausgeprägt sein.

Immissionswalze (meteo.) Als Immissionswalze wird eine Luftströmung bezeichnet, die an natürlichen und künstlichen Hindernissen entsteht. Dabei kommt es zur Aufkonzentration von Schadstoffen in der immer wieder anströmenden Luft. Diese nimmt aus den unteren Luftschichten Schadstoffe auf und strömt das Hindernis wieder an – es entsteht eine immer größere Schadstoffkonzentration in der anströmenden Luft.

Impakt (meteo.) Eintrag von Schadstoffen, Partikeln und elektromagnetischer Strahlung.

Infrastruktur (soz. arch.) Einrichtungen eines Landes oder einer Region, die wirtschaftlichen Tätigkeiten und volkswirtschaftlichen Entwicklung dienen wie Verkehrs- und Kommunikationseinrichtungen, Bildungseinrichtungen oder Einrichtungen der Energie- und Wasserversorgung.

Infrastrukturgerechtigkeit (soz. techn. oekon.) Ansatz der Fundamentalökonomie und umfasst die Bereitstellung von öffentlichen Angeboten, wie Schulen, Kitas, Bibliotheken, Verkehrsverbindungen etc.

Inklusion (lat. includere: einbinden. soz.) Einbeziehung von Menschen in die Gesellschaft.

Integrativer Umweltschutz (jur.) Kompartiment übergreifender Umweltschutz; umfasst den vorbeugenden und nachsorgenden Umweltschutz.

Kataster (techn.) Register, Liste oder Sammlung von Dingen oder Sachverhalten mit Raumbezug. Die elektronische Form ist eine adressreferenzierte Datenbank.

Kohorte (med. soz.) Stellt eine nach Anzahl und vergleichbaren Gemeinsamkeiten definierte Gruppe von Individuen, meist Menschen, innerhalb einer epidemiologischen Untersuchung dar.

Kommunalplanung (soz.) Umfasst das Recht Planung der Gebietskörperschaften die jeweilige städtebauliche Entwicklung im Rahmen der Bauleitplanung eigenverantwortlich zu gestalten.

Kompartiment (med.) Kompartimente sind Funktionssysteme. In der Medizin werden Organsysteme, wie z. B. das Herz-Kreislaufsystem, der Gastrointestinaltrakt (Verdauungstrakt) als Kompartimente bezeichnet.

Kompartiment (ökol.) Kompartimente sind Funktionssysteme. In den Umweltwissenschaften werden der Boden, das Wasser und die Luft als Kompartimente bezeichnet.

Korrelation (math.) Statistischer Zusammenhang zwischen zwei untersuchten Merkmalen.

Lärm (techn. phys.) Physikalisch Schalldruck bzw. Schalldruckpegel. Lärm ist eine umweltrelevante Noxe. Er gehört mit zu den umwelt-und gesundheitsrelevanten Immissionen.

Licht (techn. phys.) Form der elektromagnetischen Strahlung spezifischer Wellenlängen, die vom Menschen wahrgenommen werden können. Licht gehört mit zu den umwelt- und gesundheitsrelevanten Immissionen.

Lichtemission (phys. techn.) Umweltbezogen wird die Ausstrahlung von Licht als Stressor bewertet. Lichtquellen können verschiedene Wellenlängen des sichtbaren Lichtes emittieren. In Abhängigkeit von der Zusammensetzung der Wellenlängen des Lichtes können physiologische Beeinträchtigungen auftreten.

Lichtspektrum (techn. phys.) Für den Menschen sichtbarer Teil der elektromagnetischen Strahlung; wird auch als Farbspektrum abgebildet.

Lokales Klima (meteo. ökol.) Ortsbezogene Klimaverhältnisse.

Lufthygiene (med.) Sicherstellung der Qualität der Luft, um gesundheitliche Belastungen der Menschen zu verhindern.

Maßnahmewert (techn. jur.) Im Bereich des Bodenschutzes werden Maßnahmewerte für Dekontaminationen formuliert. Sie sind abhängig von der Gefährdungsbewertung und der Nutzung des Bodens.

Migration (geol. techn. soz.) Wanderung, Verteilung und Ausbreitung.

Mikrozensus (stat. soz.) Der Mikrozensus ist eine statistische Erhebung, die nur nach spezifischen Kriterien ausgewählte Haushalte beteiligt. Die Anzahl der Haushalte wird so gewählt, dass die Repräsentativität der Ergebnisse statistisch gesichert ist.

Mitigation (techn. ökol.) Sanierungsstand, der eine Nutzung noch zulässt

Neophyt (biol. ökol.) Pflanze, die nicht zu den sogenannten einheimischen Pflanzen in der Natur gehört. Sie ist aus anderen Teilen der Welt eingeführt worden oder ist ein Klimafolger.

Neozoe (griech. neos: neu und zoov: Lebewesen; biol. ökol.) Tier, das nicht zu den sogenannten einheimischen Tieren in der Natur gehört. Es ist aus anderen Teilen der Welt eingeführt worden oder ist ein Klimafolger.

Noxe (med.) Begriff aus der Umweltmedizin für Schadstoffe.

Obsoloszens (lat. obsolescere: Alterung; tech. psych.) Bedeutet die Alterung von Produkten in Form von Funktionsverlust und Aussehen.

Ökotop Ökologisches System

Ökotoxikologie (ökol. biol.) Lehre von der schädlichen Beeinflussung von Ökosystemen.

Ökosystem (ökol. biol.) Ein Ökosystem besteht aus dem Habitat (Umweltkompartiment) und den darin lebenden Organismen.

Partizipation (soz.) Teilhabe, Beteiligung.

Persistenz (lat. persistere: stehen bleiben; biol. chem. ökol.) Beständigkeit eines Stoffes gegenüber dem Abbau in der Umwelt.

Phthalat (chem. techn.) Gruppe von Stoffen, die als Weichmacher von Produkten und Materialien genutzt werden.

Politics (amerik. pol. jur.) Der Begriff Politics bezeichnet die prozesshafte Dimension von Politik, in dem sich die unterschiedlichen Aspekte politischer Arbeit vereinen. Er entstammt dem anglo-amerikanischen Sprachgebrauch.

Population (lat. populus: Volk; biol. med.) Gruppe von Individuen derselben Art oder Rasse, die ein bestimmtes geografisches Gebiet bewohnen, sich untereinander fortpflanzen und über mehrere Generationen genetisch verbunden sind.

Prävention Vorbeugung, vorbeugende Maßnahme.

Product Compliance (techn. ökol.) Unter Product Compliance versteht man die Produktsicherheit, dabei wird in technische und in umweltbezogene Produktsicherheit unterschieden. Sie umfasst in beiden Fällen die Rechtskonformität der Herstellung der Produkte.

Proposition (jur. amerik: proposition) Proposition (PROP) werden die Anleitungen für die Ermittlung von Schadstoffen bzw. umweltbezogene Regularien in den USA bezeichnet. Sie haben Gesetzeskraft und sind vergleichbar mit europäischen Normen und Richtlinien.

Regionalplanung (soz.) Die Regionalplanung ist die teilräumliche Stufe im System der räumlichen Planungen auf regionaler Ebene ab.

Remediation (techn. biol.) Sanierung eines Umweltkompartimentes oder einer Landschaft, eines Biotops etc.: Herstellung des ursprünglichen Zustandes oder seiner Verbesserung.

Renaturierung (ökol.) Wiederherstellung natürlicher Funktionen in einem Ökosystem, Kompartiment oder Gelände.

Resilienz Anpassungsfähigkeit

Richtwert (jur.) Ist ein empfohlener Messwert bzw. Zielwert, der eingehalten werden sollte; dient in aller Regel der Prävention. Häufig ist ein Richtwert der Vorläufer eines Grenz- oder Maßnahmewerts.

Rieselfelderwirtschaft Natürliche Abwasserreinigung

Risk Assessment (med. ökol.) Dient der Risikoermittlung für die gesundheitsbeinträchtigende Wirkung. Es umfasst die Identifizierung und Charakterisierung der Wirkung: Es umfasst die Raum-Wirkungs-Beziehung und gibt Auskunft über Expositionszeiten und das Ausmaß der Wirkung.

Schalldruck (phys.) Energieform, die durch Luftdruckänderungen hervorgerufen und subjektiv als Lautstärke empfunden wird.

Schalldruckpegel (engl. Sound Pressure Level (SPL); phys. med.) Der Schalldruckpegel ist eine logarithmische Größe zur Beschreibung der Stärke eines Schallereignisses – häufig auch Schallpegel genannt. Er gehört zu den Schallfeldgrößen.

Schwebstaub (techn. med.) Zusammenfassung sämtlicher Teilchen in der Luft, die nicht sofort zu Boden sinken.

Schwermetall (chem. techn. tox.) Metall mit einer Dichte größer als 5,0 g/cm^3.

Segregation (lat. segregare: trennen; soz.) Segregation ist ein sozialer Prozess, der Identifikation, Unterscheidung und den Vorgang der Entmischung unterschiedlicher sozialer Gruppen innerhalb eines Beobachtungsfeldes sozialstruktureller Merkmale ist, wie z. B. Berufs-, Einkommens- und Bildungsgruppen.

Sicherheitsdatenblatt (techn. jur.) Dient der Information über sicherheitsrelevante Fakten von Stoffen und Gemischen in Bezug auf Arbeitsplatzsicherheit, Gesundheits- und Umweltschutz. Es wird in Papier- oder elektronischer Form zur Verfügung gestellt.

Stadthygiene (med. soz. ökol.) Umfassender Begriff für alle Maßnahmen und Einflüsse, die von Gesundheitsrelevanz in Städten sind.

Stadtklima (techn, meteo.) Klimatische Situation in Städten und Ballungsgebieten infolge von Verdichtung, Versieglung und Hochbebauung.

Stadtklimatologie (meteo. arch.) Befassung mit Klimaveränderungen infolge von Bebauung, Versiegelung des Bodens, der Entstehung von Wärmeinseln und erhöhten Konzentrationen an Luftschadstoffen und Stäuben in Städten.

Stadtplanung (soz.) Beschäftigt sich mit der Entwicklung einer Stadt sowie mit ihren räumlichen und sozialen Strukturen.

Stand der Technik (jur. techn.) Ausführen eines Geräts oder eines Vorgangs nach anerkanntem technischem Stand der Entwicklung.

Stand der Wissenschaft (jur. med. techn.) Beurteilung nach dem anerkannten neuesten Stand der Wissenschaft.

Stressor (med. ökol. phys.) Innere und äußere Reize, die zu einer inneren oder/und äußeren Reaktion führen. Stressoren sind z. B. Lärm, Licht und Strahlung.

Survey (med. soz.) Methode der empirischen Sozialforschung für die Ermittlung von Zusammenhängen von Sozialindikatoren und sozialer Umwelt.

Synergismus (techn. med. biol. meteo. pharm.) Zusammenwirken von Einzelfaktoren, wobei die Wirkung größer ist als die der Einzelfaktoren.

Technikfolgenabschätzung (techn. ökol.) Prüfung möglicher ökologischer und gesundheitsgefährdenden Folgen technischer Entwicklungen.

Technologiefolgenabschätzung (techn. ökol.) Prüfung möglicher ökologischer und gesundheitsgefährdender Folgen technologischer Entwicklungen.

Teilhabegerechtigkeit (soz. jur.) Ist die von Basisinstitutionen geschaffene Voraussetzung, die es allen Gesellschaftsmitgliedern ermöglichen, an gesellschaftlichen Aufgaben und Prozessen teilzunehmen.

Ubiquität Überall vorkommend, allgemeine Verbreitung.

Ultrafeinstaub (phys. med. meteo.) Partikelgrößen zwischen 1 nm und 100 nm.

Umweltgerechtigkeit (Environmental Justice; jur. med.) Umweltbezogene soziale Gerechtigkeit unter dem Aspekt der unterschiedlichen gesundheitlichen Belastungen. Ziel der Umweltgerechtigkeit ist, dass alle den gleichen Zugang zu den Ressourcen und gleiche umweltbezogene gesundheitliche Chancen haben.

Umwelthygiene (med. ökol.) Sicherstellung für die natürlichen Funktionen der Umwelt; umfasst alle Maßnahmen für Boden-, Gewässer- und Luftreinhaltung.

Umweltinformationssystem (jur. comp.) Informationssystem mit Daten zu dem Zustand und den Zustandsveränderungen der Umwelt; dient weitgehend der Information der Öffentlichkeit.

Umweltkompartiment (ökol. med.) Funktionalsystem in der Umwelt – Boden, Gewässer, Luft.

Umweltmedizin (med.) Teil der Humanmedizin; befasst sich mit Fragen der gesundheitlichen Belastung von Menschen durch Umweltbedingungen.

Umweltrecht (jur.) Regelt auf gesetzlicher Ebene mit Hilfe von Gesetzen, Verordnungen und Richtlinien den Umgang mit den Umweltkompartimenten und bildet die jeweiligen Schutzziele ab.

Umweltstressor (meteo. med.) Schädliche physikalische Einflüsse auf Organismen, wie hohe Temperaturen, UV-Strahlung, Lärm, Schwingungen, Trockenheit etc.

Upcycling (engl.) Form der Wiederverwendung von Abfallstoffen zur Herstellung von höherwertigeren Produkten

Verfahrensgerechtigkeit (soz. jur.) Die Verfahrensgerechtigkeit bezieht sich darauf, inwieweit ein Entscheidungsprozess als abgewogen oder angemessen angesehen wird.

Vergesellschaftung (soz. med. ökol.) Zusammenwirkung unterschiedlicher Faktoren für das Entstehen neuer Situationen und Wirkungen

Verrieselung Schadstoffadsorption aus dem Abwasser

Verteilungsgerechtigkeit (soz. jur.) Die Verteilungsgerechtigkeit bezieht sich auf die Frage, als wie fair oder angemessen das Ergebnis einer Entscheidung angesehen wird. Die Wahrnehmung der Verteilungsgerechtigkeit erwächst aus dem sozialen Vergleich mit anderen Personen.

Vulnerabilität (med. oec.) Verwundbarkeit, Schädigung

Warmluftschneise (meteo. med. arch.) Lokal begrenzter Warmluftzufluss in städtischen Siedlungsgebieten.

Wärmeinsel (meteo. med.) Areal mit erhöhter Wärmekapazität infolge von Wärmestau und fehlender Durchwindung mit Kaltluft im städtischen Bereich.

Windkamin (meteo. arch.) Sich zwischen Hochbebauung entwickelnde kaminartige Windfelder.

Zugangsgerechtigkeit (soz. jur.) Institutionelle Voraussetzung, die allen Gesellschaftsmitgliedern selbstbestimmte Zugänge zu Prozessen in der Gesellschaft ermöglichen.

Stichwortverzeichnis

© Springer Fachmedien Wiesbaden GmbH, ein Teil von Springer Nature 2022   147
R. Grafe, *Umwelt- und Klimagerechtigkeit,* https://doi.org/10.1007/978-3-658-39688-6

Printed in the United States
by Baker & Taylor Publisher Services